机场鸟击防范系列丛书

民航局安全能力建设资助项目

机场动物种群生态学

施泽荣　白文娟　王　正　赵文娟　赵欣慰　编著

合肥工業大學出版社

U0883633

内容提要

根据多年的教学实践和机场鸟击防灾的需要，本书编者从生物的划分入手，详细介绍了动物种群的数量调查，种群的生长，种群的结构，种群密度的调整、分布和散布，种群的领域等；同时，系统介绍了动物的竞争行为、侵略行为、支配行为、利他行为以及变异、突变、选择、物种形成、协同演化等，力图帮助读者全面、系统地认识和了解动物种群生物学，增强读者动物种群生态学方面的知识，从而提高对机场动物的综合治理与控制能力。本书中有插图100余幅，图文并茂，叙述简明，文字通俗易懂，以图解文，更加贴近读者。

本书是相关大专院校机场场务技术与管理和其他相关专业的基础教材，也可作为机场鸟击防灾管理人员及自然保护区管理人员的参考书。

图书在版编目(CIP)数据

机场动物种群生态学/施泽荣等编著．—合肥：合肥工业大学出版社，2017.6
ISBN 978-7-5650-3378-0

Ⅰ.①机…　Ⅱ.①施…　Ⅲ.①机场—动物群落—种群生态学　Ⅳ.①Q958.15

中国版本图书馆CIP数据核字(2017)第146985号

机场动物种群生态学

施泽荣　白文娟　王　正　赵文娟　赵欣慰　编著
责任编辑　权　怡
责任校对　马栓磊　孙南洋

出　版	合肥工业大学出版社	版　次	2017年6月第1版
地　址	合肥市屯溪路193号	印　次	2017年6月第1次印刷
邮　编	230009	开　本	787毫米×1092毫米　1/16
电　话	编校中心：0551-62903210	印　张	11.75
	市场营销部：0551-62903198	字　数	275千字
网　址	www.hfutpress.com.cn	印　刷	安徽昶颉包装印务有限责任公司
E-mail	hfutpress@163.com	发　行	全国新华书店

ISBN 978-7-5650-3378-0　　定价：34.00元

如果有影响阅读的印装质量问题，请与出版社市场营销部联系调换。

序

自古以来，人类对鸟类的飞行都有着极大的兴趣。“列子御风”“嫦娥奔月”，翱翔蓝天之梦，自古有之。随着社会的发展，人们对“腰缠十万贯，骑鹤下扬州”的憧憬之心，日渐浓厚，充分反映出古代人们对快捷、安全、舒适、美观的飞行器的向往与追求。一百多年前，飞机的发明给人类插上了“金翅膀”，使飞行成为一种抵挡不住的诱惑。

人类的飞行，比鸟类晚了1.5亿多年。随着科学技术的不断发展，人类终于可以与鸟类共游一片蓝天。然而，蔚蓝的天空并不平静，当飞机与鸟类同时使用同一空域时，鸟击灾害就发生了。据不完全统计：全世界民航业，每年有大约2万起不同程度的鸟击灾害发生，造成直接和间接经济损失约150亿美元。以美国为例，该国民航业每年因鸟击灾害导致直接经济损失约6.3亿美元、间接经济损失约25.2亿美元、飞机停场超过50万小时。鸟击灾害给人类造成了巨大的生命和财产损失，也带来了巨大的社会影响和心理压力。自20世纪50年代以来，全世界因鸟击造成的灾害共计：民航业有103架飞机损毁，706架飞机被击伤，3980人伤亡；军方有312架军机损毁，981架飞机损伤，396名飞行员伤亡（其中272人死亡、124人受伤）。更为严重的是，2005年美国“发现”号航天飞机升空时，燃料箱前端遭遇鸟击。因此，国际航空联合会（FAI）把鸟击灾害定为“A”级航空灾难。鸟击造成的灾害，也使人们在乘坐飞机时平添了几分心悸。

在人们的想象中，柔弱的小鸟与飞机相撞是以卵击石，而事实绝非如此。飞机真的害怕小鸟，鸟击飞机的威力非同一般。据测定，一只800g的鸟，在飞机相对速度为300～500km/h时撞击飞机，就相当于一枚小型炮弹击中飞机。一只小鸟如果被吸进发动机，就会阻塞进气道或打断涡轮叶片，导致空中停车、失火或操纵失控，造成灾难事故。

鸟击灾害并非是个新问题，早在1912年，美国人卡尔·罗杰斯（Kari

Rogers）驾机飞越美洲大陆时，就因鸟击导致坠机身亡。随后，为防止鸟击灾害的发生，飞机设计专家做了大量改进。但是，随着喷气发动机时代的到来，进一步加剧了鸟击灾害的发生。因为，早期飞机的活塞式发动机噪音大、速度慢，鸟类在空中还来得及避让，即使发生鸟击灾害其损失也比较小，然而，现代喷气式飞机的速度快、噪音小、体型大，发动机的涡轮叶片与螺旋桨极易受到鸟击而遭损坏。因此，如何减控鸟击灾害的发生，确保飞行安全，已成为各国政府共同关心的一个大问题。

随着航空事业的快速发展，鸟击灾害问题被列入航空业的议事日程，因地制宜地制定综合防治与控制措施，坚持“以防为主，防治并举，土洋结合，经济有效”的原则，“治早、治小、治了”，及时清除鸟击带来的飞行安全隐患，已成为全人类的基本共识。目前，摆在我们面前的现实是，机场上空和地面上的鸟类及其他有害生物，已成为飞行安全的大敌。因此要防止鸟击灾害，确保飞行安全，就不能等到事故发生了才仓促应对，而要“以防为主”，打主动仗，在鸟类迁徙、集群、繁殖、扩散及活动峰值期，做好防控工作。也就是说，不但要认识防治对象，熟悉防控措施，还要掌握相应的鸟类及其他有害生物的活动规律，通过系统的调查研究和周密的计算分析，综合各种信息来预测（判断）鸟击灾害发生的高峰期、发生数量，以及可能受到危害的航线、机种、飞行高度等，只有做到“知己知彼”，才能取得最佳的防治效果。

鸟击灾害基础理论的研究工作，是我国鸟击灾害防治工作的基础，是减控鸟击灾害的重要环节，是保证飞机安全起降的重要工作。

在机场鸟击灾害防治工作中，我们要建立一支以机场专业人员为主的鸟击防灾专业队伍，广泛开展鸟击防范基础理论的研究工作，形成特有的鸟击防范理论体系和防灾综合治理模式，从而及时、有效地防治鸟击灾害的发生，为飞行安全做出贡献。

机场鸟击防范是一项崭新的、前所未有的工作，与气象、地质、害虫等自然灾害相比，鸟击防范没有完整的理论体系，缺乏先进的仪器设备，缺乏专业技术人才，更没有深厚的理论基础积淀。可以说，机场鸟击防范工作，在国内外起步很晚，在理论体系的建设、应用技术的研究开发以及人才培养等方面都是白手起家。为开拓这一新的领域，广州民航职业技术学院的教师们抓住机遇，率先协同相关专家学者进行深入探讨与研究。首先，从基础理论体系建设入手，针对机场鸟击灾害的特点，编写出一套综合性的“机场鸟击防范系列丛书”，初步形成了较为完整的理论体系；其次，以全国不同生态、不同区域的民用和军用机场为研究基地，为培养鸟击防范专业技术人才，建立了一套鸟击防范综合治理模式；最后，利用现代雷达扫描技术，研究航空鸟击灾害预测预报与控制技术。

“机场鸟击防范系列丛书”让我耳目一新，特别是《鸟击防灾预测与预报技术》。据我了解，目前国内外尚无他人开展这一领域的系统研究，这是一种创新和探索。该系列丛书的出版，为我国在鸟击防范工作理论体系建设方面抢占世界理论研究和实践的制高点创造了条件，并且首开先河，开拓思路，为后续研究夯实了基础。该系列丛书既有比较深厚的理论基础，又有丰富的实践案例，图文并茂，通俗易懂，集科学性、实用性、可读性于一体。由于时间等诸多原因，尽管该系列丛书不够完善，甚至有不少疏漏之处，仍希望其能得到相关专家学者和同行的批评、指正；同时，也期盼更多的同仁及有兴趣的人士能够了解、支持并加入这一研究领域，为提升我国机场鸟击防范技术水平，实现有效治理做出贡献。毋庸置疑，该丛书必将对我国鸟击防范工作起到积极的指导和促进作用。可以说，它是一套具有科研参考价值和教学实用价值的好书，这是我在阅读该丛书后的观感，也是欣然为序的原因。相信广大读者读后也会有同感。

希望本套丛书的出版能进一步推动我国民航、军用机场鸟击防范工作的发展，使鸟击防范理论研究、新技术应用及鸟击防范人才培养工作，走在世界的前列。

广州民航职业技术学院院长 吴万敏

二〇一五年五月十八日

目 录

第一章 概 论

第一节 生物的划分

对动物学工作者来说，用“羽毛鳞介”来解释什么是动物似乎有些过于简单化了。动物学的定义和其他学科的定义一样，必须要有比较准确并且合乎自然规律的定义。然而，有许多人对生物分类很不重视，甚至有些生物学家也认为，动物分类是自然博物馆的事，与实际需要相差太大，太枯燥、太死板，是一门过时的科学。事实恰恰相反，生物分类学是一门很重要的基础科学，与自然资源的调整、物种的保护、有害生物防治和动物资源的利用，以及经济的发展等都有密不可分的关系。

传统的生物学把生物分为植物和动物两大类，随着生物学研究技术的发展，后来又分出了微生物。大约在20世纪40年代初期，生物学家把生物划分为四个生物界（图1-1），这一划分方法首先由科普兰（H. F. Copeland，1938）提出来并积极倡导的。这四个生物界分别是：

一是单物界（Mychota or Monera），由没有细胞核的单细胞生物组成，如细菌、蓝绿藻等。

二是原物界（Protoctista），由有细胞核的单细胞和多细胞生物组成，如原生动物、红藻、褐藻和真菌等。

三是植物界（Metaphyta），由有细胞核的多细胞生物组成，并具色素，如叶绿素、叶黄素、叶红素等，能合成淀粉和其他有机物。

四是动物界（Metazoa），由有细胞核的多细胞生物组成，在发育过程有囊胚期（Blastula）和原肠期（Gastrula），是典型的捕食者（Predator）。

上述四个生物界的理论，一直沿用到20世纪60年代。60年代末，惠特克（R. H. Whittaker）提出了五个生物界的观念，他指出科普兰的四个生物界划分法，在现实社会中有三大缺点：一是从营养方式的观点看，植物的光合作用，动物的捕食行为，真菌的吸收作用，应该是相等的，其重要程度也是一样的，而且在自然界中，真菌的演化趋势和方向，与其他动植物截然不同；二是从组织分化的程度看，原物界是包括了单细胞和多细胞生物，在多细胞生物中，又混合了单核细胞和多核细胞，有些又有组织分化，如褐藻的拟器官，如固着器（Holdfast）、片柄（Stipe）和藻片（Blade），真菌的生殖器官，苔藓的茎叶分化，海绵和中生动物（Mesozoa）等，却不适应地被划分在原物界中；三是从门类的幅度看，原物界包括太广，没有明显而统一的界限，成为一群混淆不清的、笼统

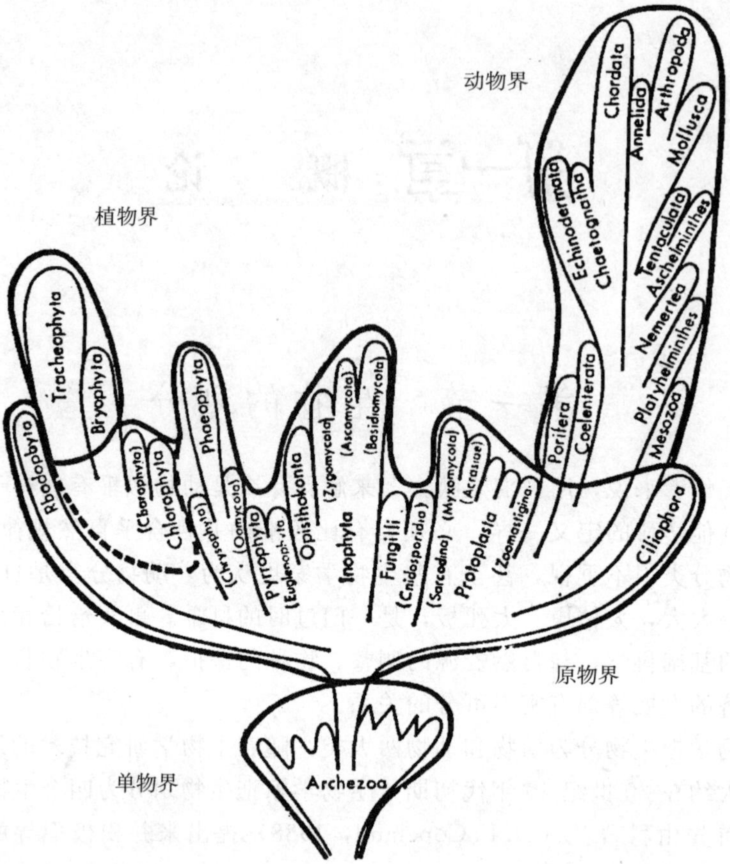

原核		真核		
单细胞				多核和多细胞
孤立	群生	孤立	群生	缺少·有限·居间·进步的体组织分化

图 1-1　科普兰系统（Copeland System）

注：各生物界的门类和组织阶层关系（引自 Whittaker，1969）

的大杂烩。

惠特克分类系统将所有生物划分为五个生物界（图 1-2）。目前，这一划分在国内外得到生物学界的普遍认同。

一、单物界（Kingdom Monera）

原核（prokaryotic）细胞生物，无核膜、线粒体和高级（9+2 股）鞭毛。单细胞孤立式群生，多行吸收式的营养，但是，也有进行光合式或化合式营养的。主要行无配子生殖，如分裂或芽生。有些也能进行原始性（protosexual）生殖。一般不运动或滑动，有些也能行简单的鞭毛运动。

黏胶单物支（Branch Myxomonera）：无鞭毛，在正常运动时，多以滑动方式为主。

蓝绿藻门（Phyium Cyanophyta）：蓝绿藻类。

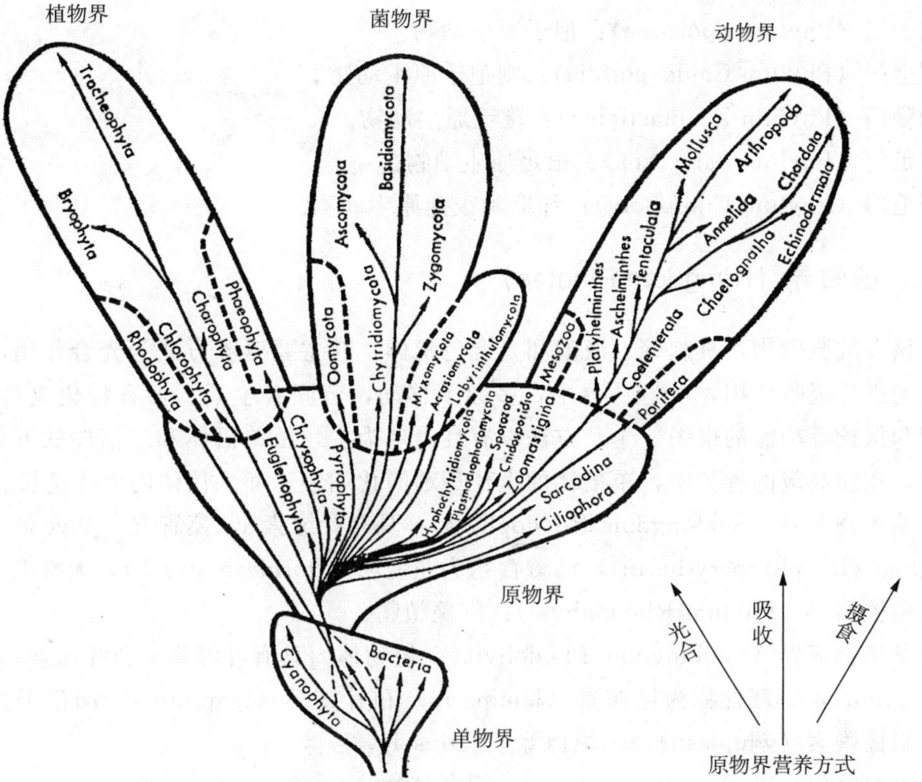

图 1-2 惠特克分类系统（引自 Whittaker，1969）

关系（引自 Whittaker，1969）

黏胶细菌门（Phyium Myxobacteria）：黏细菌。

鞭毛单物支（Branch Mastigomonera）：简单鞭毛运动（包括没有运动的有关种类）。

真细菌门（Phyium Eubacteria）：真正细菌。

放射菌门（Phyium Actinomycota）：菌丝细菌。

螺旋菌门（Phyium Spirochaeta）：螺旋细菌。

二、原物界（Kingdom Protista）

真核（eukaryotic）单细胞或群生细胞生物，具核膜、质体、线粒体和高级鞭毛等胞器。营养方式包括光合作用、吸收作用、捕食者摄食，以及以上的综合形式。生殖方法繁多，但是，通常是由单倍体（haploid）进行无性生殖。真正的有性生殖需要核配合（karyogamy）和减数分裂（meiosis），有高级鞭毛运动、其他纤毛运动、变形运动和不运动等多种形式。

吸虫门（Phylum Euglenophyta）：眼虫类生物。

金藻门（Phylum Chrysophyta）：金藻类生物。

甲藻门（Phylum Pyrrophyta）：双鞭藻类和潜隐单分体（Cryptomonads）生物。

瓶菌门（Phylum Hyphochytridiomycota）：瓶菌类生物。

原质门（Phylum Plasmodiophoromycota）：具有原质体的生物。

孢子门（Phylum Sporozoa）：孢子原生动物。

刺孢门（Phylum Cnidosporidia）：刺孢子原生动物。

动鞭门（Phylum Zoomastigina）：鞭毛原生动物。

肉足门（Phylum Sarcodina）：根足原生动物。

纤毛门（Phylum Ciliophora）：纤毛和吸孢原生动物。

三、植物界（Kimgdom Plantae）

真核多细胞生物，具胞壁、液泡和光合色素体。其主要营养方式为光合作用，但也有一些生物进行吸收作用，在这一界中，多数不移动，营固着生活。器官特化成具有光合、维导管和保护等功能的组织。生殖方法以有性生殖为主，由单倍体和二倍体的方式进行世代交替。在较高级的种类中，单倍体的世代逐渐简化缩短，而二倍体的世代延长。

红藻植物亚界（Subkingdom Rhodophyta）：具有叶绿素a、藻青素（phycocyanin）和R-藻红素（R-phycoerytherin），储藏食物为花淀粉（floridean starch），无鞭毛。

红藻植物门（Phylum Rhodophyta）：红藻植物。

褐藻植物亚界（Subkingdom Phodohyta）：植物体内具有叶绿素a和叶绿素c，藻黄素（fucoxanthin），储藏食物为昆布素（laminarin）和甘露醇（mannitol）。动孢子具二侧鞭毛，一根像鞭索（whiplash），一根像绦丝（tinsel）。

褐藻植物门（Phylum Phaeophyta）：褐藻植物。

真绿植物亚界（Subkingdom Euchloroplcyta）：具有叶绿素a和叶绿素b，储藏食物为淀粉粒，原始鞭毛形成二或多条前位鞭索。

绿藻植物支（Branch Chlorophyta）：水生为主，无显著的体细胞分化。

绿藻植物门（Phylum Chlorophyta）：绿藻植物。

后生植物支（Branch Metaphyta）：这一分支植物，它们以陆生植物为主，有明显的体细胞和组织分化。

苔藓植物门（Phylum Bryophyta）：地钱、角苔和藓类。

维管植物门（Phylum Tracheophyta）：具有维管束的植物。

四、菌物界（Kingdom Fungi）

真核多细胞生物，具胞壁或合胞（syncytial）菌丝体，不具质体和光合色素体，行吸收或营养。体组织简化，具有生殖组织分化。生殖方法多以单套菌丝体进行无性生殖，或者进行两核配合生殖，大多数不运动，但也有变形运动和具高级鞭毛的世代。

裸露菌物亚界（Subkingdom Gymnomycota）：组织分歧，包括细胞分离、聚集和孢子形成等时期。

黏菌门（Phylum Myxomycota）：合胞或原质黏霉菌。

胞霉菌门（Phylum Acrasiomycota）：细胞或伪原质黏霉菌。

网胞菌门（Phylum Labyrinthulomycota）：网胞黏霉菌。

双鞭菌亚界（Subkingdom Dimastigomycota）：具双鞭动孢子（zoospore），呈瓶菌或简单菌丝组织，胞壁含纤维素（cellulose）。

卵孢菌门（Phylum Oomycota）：卵孢真菌类。

真菌亚界（Subkingdom Eumycota）：主要具菌丝体组织，动孢子具单鞭毛，明角质胞壁。

后鞭菌支（Branch Opisthomastigomycota）：动孢子具后部单鞭毛，主要水生，具瓶菌或菌丝体组织。

真瓶菌门（Phylum Chytridiomycota）：真正瓶菌及有关的菌类。

无鞭菌支（Branch Amastigomycota）：不具鞭毛的动孢子，简单或较复杂的菌丝体组织，多为陆生。

接合菌门（Phylum Zygomycota）：接合生殖菌类。

子囊菌门（Phylum Ascomycota）：具子囊的菌类。

担子菌门（Phylum Basidiomycota）：具担子体的菌类。

五、动物界（Kingdom Animalia）

真核多细胞生物，无胞壁、质体和光合色素。主要营养方式为摄食，具有消化管道。少数无消化管道者，则进行吸收式营养。组织阶层分化超过其他生物界，具交感神经系统和运动纤维，大多数进行有性生殖。

玄生物亚界（Subkingdom Agnotozoa）：表层细胞进行吸收营养，无消化腔道和组织分化，用纤毛运动。

中生动物门（Phylum Mesozoa）：中生动物类。

侧生动物亚界（Subkingdom Parazoa）：主要营养由内水管道表面细胞，进行摄食营养。细胞分化，然而，组织不分化或有限度地分化，个体不移动，但是，它们的细胞可以运动。

多孔动物门（Phylum Porifera）：海绵动物。

古杯动物门（Phylum Archaeocyatha）：该动物门已灭绝。

后生动物亚界（Subkingdom Eumetazoa）：组织高度分化，且具有其他动物特征。

放射动物支（Branch Radiata）：放射对称或两侧放射对称的动物。

刺胞动物门（Phylum Cnidaria）：腔肠动物。

栉水母动物门（Phylum Ctenophora）：栉水母类动物。

两侧动物支（Branch Bilateria）：两侧对称的动物。

——无体腔动物序（Grade Acoelomata）

扁形动物门（Phylum Platyhelminthes）：扁虫类。

纽形或吻腔动物门（Phylum Nemertea or Rhynchocoela）：带虫类。

——假体腔动物序（Grade Pseudocoelomata）

棘头动物门（Phylum Acanthocehala）：棘头虫类（图 1-3）。

圆形动物门（Phylum Aschelminthes）：包括许多假体腔的动物。

内肛动物门（Phylum Entoprocta）：具假体腔的内肛苔藓虫类。

——体腔动物序（Grade Coelomata）

裂体腔动物亚序（Subgrade Schizocoela）

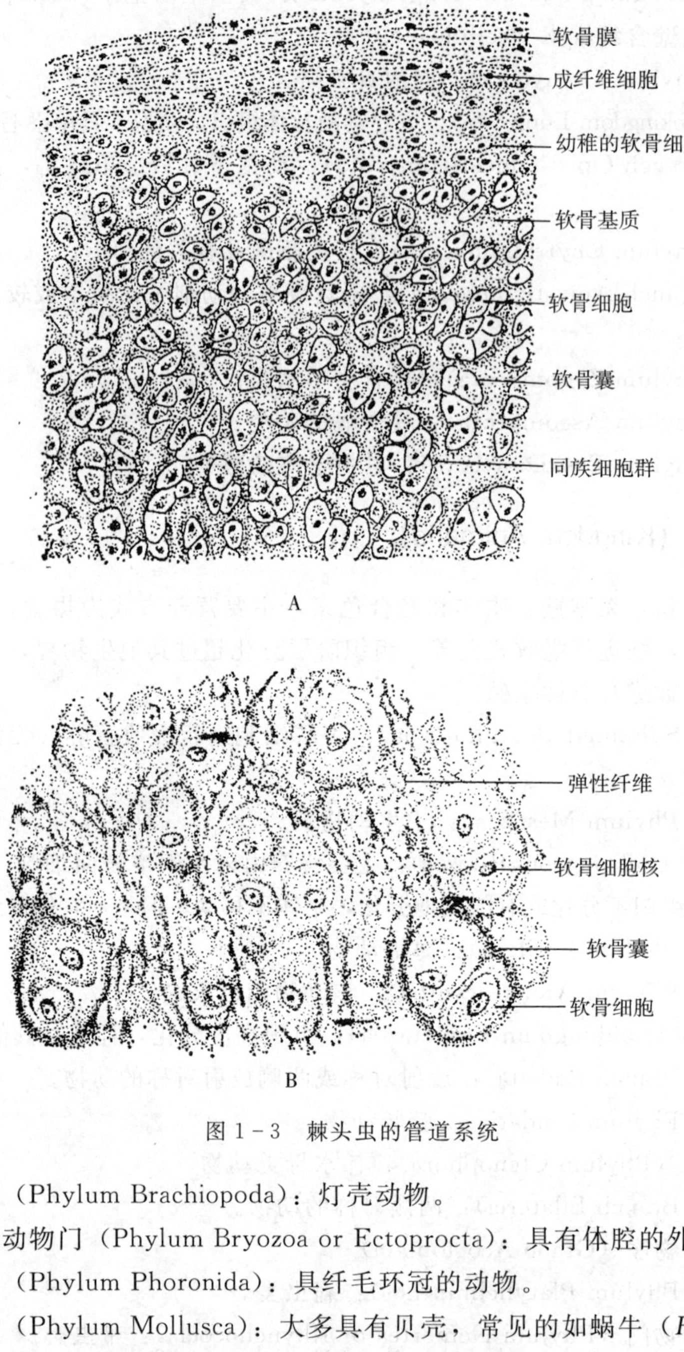

图 1-3　棘头虫的管道系统

腕足动物门（Phylum Brachiopoda）：灯壳动物。

苔藓或外肛动物门（Phylum Bryozoa or Ectoprocta）：具有体腔的外肛苔藓虫类。

毛冠动物门（Phylum Phoronida）：具纤毛环冠的动物。

软体动物门（Phylum Mollusca）：大多具有贝壳，常见的如蜗牛（*Helix*）（图 1-4）、乌贼（*Sepia*）、石鳖（*Chiton*）等。

星虫动物门（Phylum Sipunculoidea）：花生虫类（peanut worms），这类动物并不是星状的虫，而是虹吸管状的虫，其吻端有星状唇瓣，故应称虹虫、星吻虫或星唇虫。但是，星虫之名早被使用了，现在只保留其叫法。

螠虫动物门（Phylum Echiuroidea）：本门动物属于小到中等的蠕虫，一般长 10～15cm，目前，已知有 130 多种。

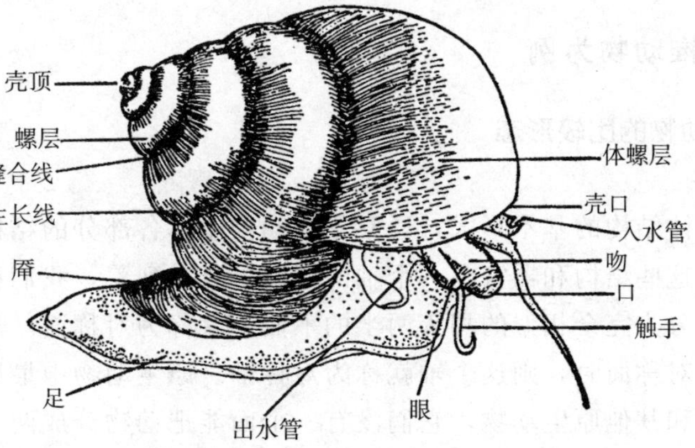

图 1-4 常见的软体动物（蜗牛）

环节动物门（Phylum Annelida）：常见的如毛腹虫（*Chaetogaster*）、蚂蟥（*Whitmania*）、沙蚕（*Nereis*）、蚯蚓（*Pheretima*）（图 1-5）等。

节肢动物门（Phylum Arthropoda）：常见的有虾（*Macrobrachium*）、蟹（*Eriocheir sinensis*）、蝗（*Chondracris rosea*）、螨（*Aeariformes*）、蜈蚣（*Scolopendra*）等动物。

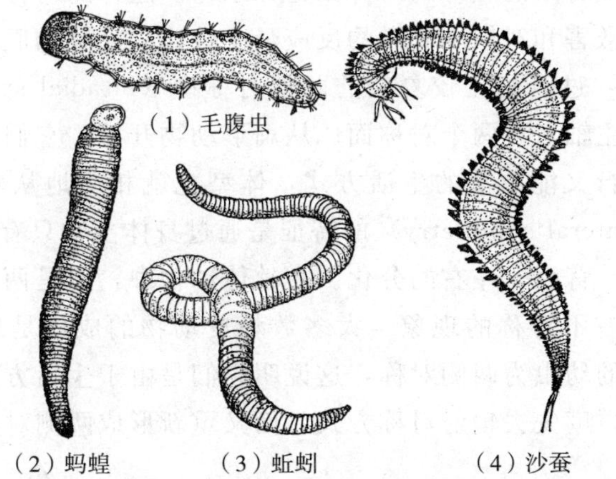

图 1-5 环节动物门的代表动物

腔肠动物亚序（Subgrade Enterocoela）

须腕动物门（Phylum Pogonophora）：须腕虫类。

毛颚动物门（Phylum Chaetognatha）：箭虫类。

棘皮动物门（Phylum Echinodermata）：在其发生系统中，它们和脊索动物是有联系的。

半索动物门（Phylum Hemichorda）：该动物门一方面与棘皮动物相似，如它们的早期胚胎发育——原肠胚的形成和体腔很相似。

脊索动物门（Phylum Chordata）：它们是后口动物中的一个大的类群。这类动物的存在，为棘皮动物与脊椎动物之间的联系提供了某些证据，并被认为由此能推测脊椎动物的起源，所以，在学术上具有重要的意义，是研究动物习性和动物进化的重要材料。

六、以无脊椎动物为例

（一）无脊椎动物的比较形态

1. 体制

体制是动物躯体结构的基本形式，通常是指动物躯体各部分的结构和器官在排列方式上的某些规律性。这些结构和器官在一个轴的周围重复排列着，我们称这些动物躯体为对称躯体。若将躯体分为完全相似的相等两半的平面，就称为对称面。若通过躯体轴的任何一个切面都能成为对称面时，则这个轴就称为对称轴。原生动物中最原始的躯体形态为无轴形态，如变形虫和其他原生动物，它们没有一个面能把动物分成两个对称的部分，这称为无对称（asymmetry）。在原生动物中也能见到有些球状种类，这些动物只营漂浮生活，动物身体的形成球状是与周围都相同的外界环境和动物本身缺乏积极活动相联系的。小球具有穿过一个中心点的无限对称轴，把小球切成相等的对称面，这叫作球状对称（sphericel symmetry）。许多放射虫、太阳虫和团藻都属此型，有些多孔动物和腔肠动物，它们的体制属辐射对称型（iadial symmetry），即动物身体的结构，如触手、隔膜、消化腔、生殖腺、感觉器官等都是依主轴的辐射方向排列的。从动物的一端通过主轴到相对的另一端，能把动物分成有限的相等的对称面，如水螅。这样的对称能使动物从身体的任何一面取得食物、防御敌害和对周围刺激的反应。少数比较高等的腔肠动物，如海葵和栉水母则已由辐射对称型，过渡到比较复杂的两辐对称型（biradial symmetry）。这两种对称的特点，即通过身体主轴只有两个对称面。从扁形动物开始，它们的生活方式从固着或漂浮生活转变为既能爬行又能游泳的生活方式，体型也就相应地从辐射对称转变为两侧对称。两侧对称型（bilateral symmetry）的特征是通过身体主轴只有一个对称面。这种体制的形成就引起了前后、背腹、左右的分化。在软体动物中，原是两侧对称的腹足纲，由于身体扭转，产生了左右不对称的现象。大多数棘皮动物的成体是典型的辐射对称型，但是，它们的自由游泳的幼虫为两侧对称，这说明它们是由于生活方式的改变而形成的，但在海参纲中，它们已再度失去辐射对称方式，而又重新形成两侧对称（图 1－6）。

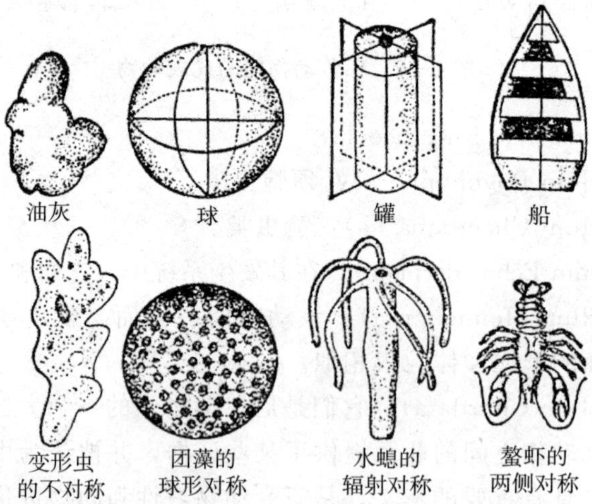

图 1－6　动物对称的典范

2. 分节

分节现象在动物界很普遍，是对称的一种特殊形式。在原生动物中以有孔目的分节现象最普遍，如有孔虫（*Rheophax nodulosa*）的外壳常由一系列沿直线轴排列的小室组成（图 1-7）。在某些放射虫中，也有类似的分节形式。

在腔肠动物的单个体中，几乎看不到分节现象。但是，在群体的结构中，分节现象就相当普遍。如水螅纲桧叶螅（*Sertularia*）的水螅体，在螅茎两侧对称面前后重复地排列着，形成分节现象（图 1-8）。两侧对称多细胞动物的分节现象更为显著。在扁形动物的原始类型中，已可看出它们的高度分节性，如一种海产涡虫（*Procerodes lobata*），其肠的侧枝有规律地成对前后排列着，并且所有成对的分枝是等距离呈直线排列，由于肠分枝这样的排列，在它们间隙中的生殖腺也排得同样有规则。神经系统的纵神经干中间有很多环状横神经连合，它们也同肠分枝一样呈分节排列。因此，该涡虫的内部结构差不多都是分节的，而其外部形态却没有分节现象（图 1-9）。大多数绦虫，特别是绦虫纲的多节绦虫亚纲是分节的，其躯体由头节和链状节片组成，各节间有纵缢分开，其中包含一套完整的生殖器官，还有神经和排泄器官的横连合，这种节片的重复排列，实际上就是同律分节，但是，在绦虫中也有异体分节的现象。

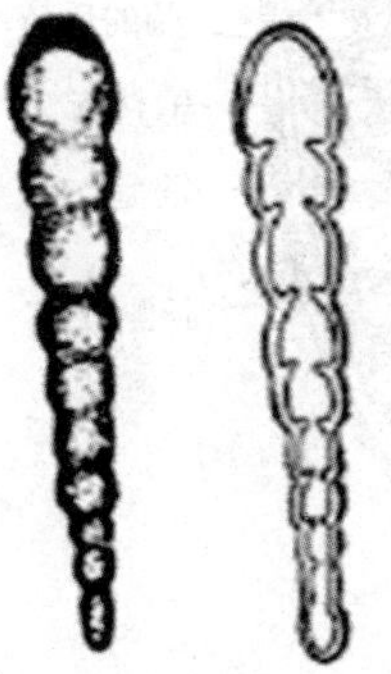

图 1-7 有孔虫的分节现象

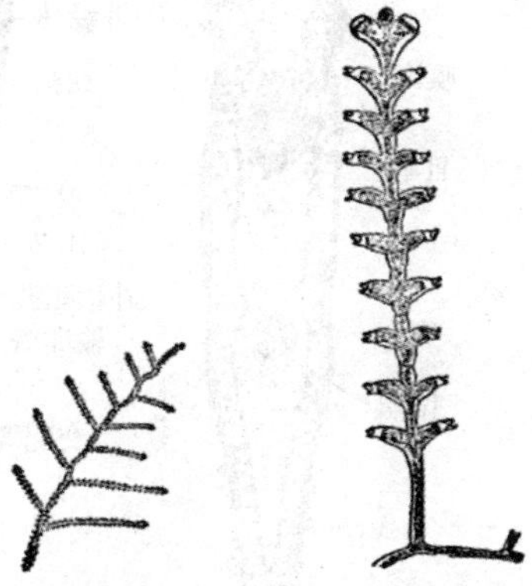

A. 桧叶螅水螅体　B. 桧叶螅的分节现象

图 1-8 桧叶螅

线形动物的表现为躯体表面的横缢，但不影响动物的内部结构。在许多自由生活的线虫中，角质膜的衍生物如刺、鳞片、刚毛都有分节现象。以上这些动物的分节现象，称原始分节或假分节，真正的分节要从环节动物开始。环节动物的分节现象，不仅在于身体的各种内部器官，而且还可以从身体的表面表现出来；不仅在体节交界处能清楚地看到横缢，且其附肢（疣足、刚毛）等外部器官，也按节重复排列。环节动物分节的特征主要是同律分节，但也有异律分节，不过不起主要作用。原始的软体动物有不完全的分节现象，一般情况下，高等种类分节倾向很小，这大概由于内脏囊呈块状和扭成螺旋状，妨碍了身体分节的出现。

节肢动物是异律分节占优势。它包括躯体的分部（体区）和附肢形态的分化。角质膜的增厚，容易使节肢动物将几组相连的体节融合成若干体区，即所谓体节的融合。在环节动物中这种融合却很少见。节肢动物的原始附肢还具有摄食和咀嚼作用，但没有一种多毛

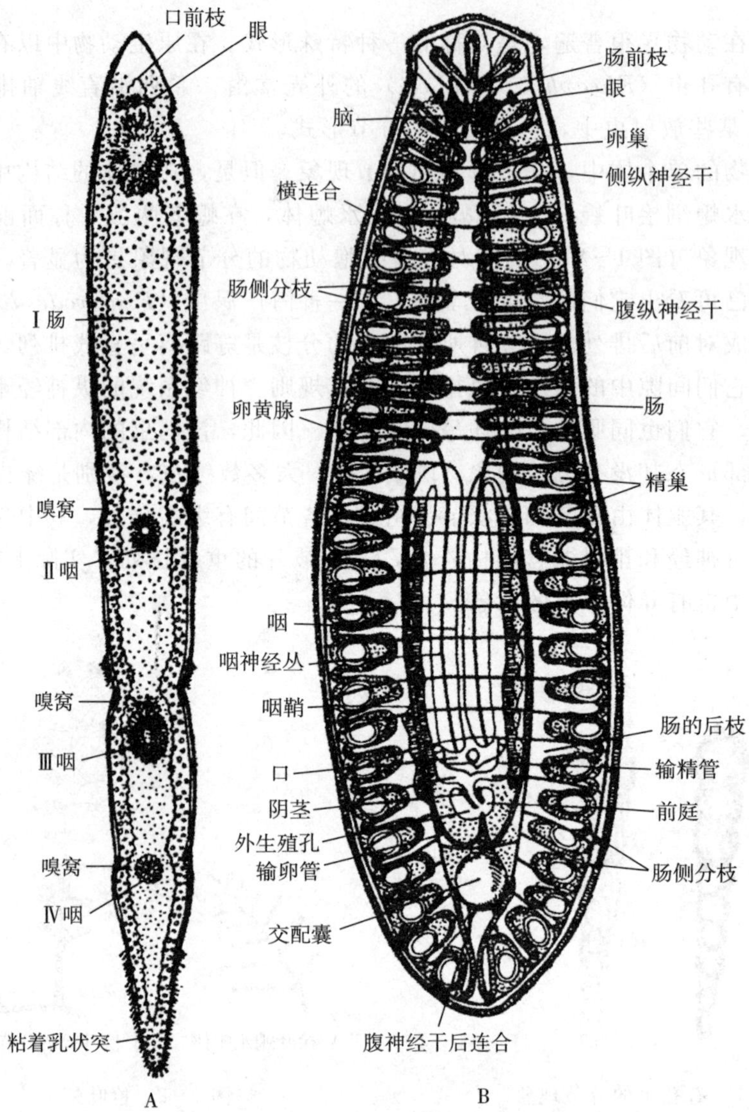

图 1－9　涡虫的分节现象

类的疣足和触须用来做摄食器官和口器的。三叶虫分节现象的原始性主要在于其附肢的极端同律性，除丝状触角及尾须外，其余附肢的结构都是一样的。所有的有螯肢动物都具有高度的异律分节。在昆虫中异律分节达到高度分化的程度，它们的头部具有发达的口器、感觉器官和脑，是摄食和感觉的中心。强大的胸部是运动器官的集中地，胸部以及与之相连的腹部，都具有全部的营养器官和生殖器官，成为代谢和繁殖的中心。

3. 体表和骨骼

动物通过体表与外界环境相接触。各种不同的动物有各种不同的构造，且它们都担负着一定的功能。一切多细胞无脊椎动物的体表，仅由外胚层来源的单层上皮组成。腔肠动物的表皮细胞中有特殊的刺细胞，有保护功能。涡虫的表皮有纤毛，可以进行运动。大多数无脊椎动物的表皮外面覆盖着角质膜，它是表皮细胞的分泌物。寄生蠕虫的角质膜非常发达，是对寄生生活的一种适应。节肢动物的角质膜很坚硬，内含几丁质，形成坚硬的外骨骼。软体动物的贝壳内含碳酸钙及角质素，也是表皮的产物。

表皮除有保护作用外还有分泌作用，并且，其分泌物大都也是用来保护动物的。由表皮产生的皮肤腺，在动物体中起着各种不同的作用。除一般能分泌黏液外，还具有专门作用的腺体，如唾液腺、丝腺和毒腺等。

骨骼是支持身体柔软部分的支架，给动物以一定的形态，也用以保护身体及其内部器官，并给肌肉以附着点。在不同动物中，骨骼起着不同的作用，如水螅体躯干的围鞘主要起着支持身体的作用。软体动物的贝壳、节肢动物的甲壳有保护身体和附着肌肉的作用。在无脊椎动物中，骨骼一般都由外胚层分泌而成。原生动物虽无真正的骨骼，但是，如有孔虫的外壳和太阳虫、放射虫伪足内的骨质轴丝都有保护和支持作用。多孔动物的骨针与海绵丝是另一种类型的外骨骼。水螅纲中的水螅珊瑚能分泌钙质，形成珊瑚石。珊瑚纲除海葵外，一般都有角质或钙质的骨骼，形成珊瑚的骨骼。石珊瑚的骨骼是构成珊瑚礁和珊瑚岛的主要成分。生活在波浪冲击地带的软体动物，常有非常坚固的贝壳，而游泳生活种类的贝壳就不发达，趋向退化或消失。节肢动物的外骨骼由非几丁质层和几丁质层所构成。非几丁质富有弹性，能抵抗各种酸碱，使动物能得到很好的保护。它们在分节处的角质膜特别软而薄，并在它们的生长过程中还出现蜕皮现象，以保护身体的运动和继续生长。

除外骨骼外，往往还有内骨骼存在。节肢动物的内骨骼是由外骨骼的某些部分向内延伸而成。某些软体动物如头足纲的软骨、棘皮动物的骨骼与脊椎动物一样，起源于中胚层细胞，且都藏在体壁内，以支持和保护身体。内骨骼比外骨骼有更大的优越性，它一方面用作肌肉收缩的支持，产生杠杆作用；另一方面使身体不断扩大，直到其体积的大小不受外骨骼的限制。

另外，不是所有的骨骼都是由坚硬物质组成的，如蚯蚓体腔中的体腔液经蚯蚓环、纵肌的收缩，对体壁能产生一种压力，使身体坚硬起来，以利于蚯蚓的行动。没有隔膜的底栖多毛类，体腔液形成连续的流体骨骼（hydroskeleton），因此，环肌、纵肌的交替收缩，促使身体变长或变短，这种体腔液有类似骨骼的作用，故称流体骨骼。软体动物的斧足和棘皮动物的管足也有流体骨骼的作用。

4. 肌肉和运动

动物的运动包括细胞形状的改变（变形虫运动）、鞭毛或纤毛的摆动或肌肉的收缩。它们表面上虽各不相同，但都是从化学能转变为机械能的能量消耗。

原生动物的变形虫运动是细胞质的不规则流动。流动的最显著特点是溶胶—凝胶的转化过程。普遍认为，细胞质中有细纤维的肌动蛋白（actin）和粗纤维的肌球蛋白（myosin），两者相互作用引起细胞质的收缩，这与肌肉收缩相仿。鞭毛和纤毛的运动是由于鞭毛打击水流，纤毛协调地摆动而使身体前进。除节肢动物门以外，其他各门动物都有鞭毛或纤毛。草履虫约有 2 500 条短纤毛，它们的节律运动形成一个整体。每根鞭毛的轴丝（axial filament）是由 11 根（9＋2）管状纤维组成，它们的化学成分和肌肉内的肌动蛋白与肌球蛋白相似。鞭毛中有 ATP 酶的存在，运动时细胞质的 ATP 很快地向鞭毛的杆身扩散，以供杆身运动时所需的能量。每根鞭毛的基部均具有基体（basal body），通常与中心粒相连，能控制鞭毛的运动。多孔动物在进出孔的周围，分布着很多由扁形细胞变成的孔细胞和类肌细胞，它们具有原始的神经和肌肉的机能，若遇刺激，可使小孔缩小、紧闭或张开。腔肠动物水螅有肌原纤维分化的皮肌细胞，在外胚层内为纵肌纤维，在内胚层内为环肌纤维，形成双层的肌纤维层。钵水母类的内伞，生有发达的肌原纤维。珊瑚纲的内胚层肌肉也很发达，隔膜上有横肌和纵肌，形成肌旗。栉水母动物已开始有间细胞分化的独立肌纤维。

从扁形动物开始才真正有中胚层形成的肌肉组织，且都为平滑肌，主要由环肌、纵肌、斜肌和背肌等组成，且与表皮一起形成发达的皮肤肌肉囊。线形动物的肌肉系统很特殊，只有纵肌而无环肌，肌肉细胞有一定数目，且其游离端能伸入体腔而成为原生质部，外侧则分化成纵行的收缩部。由于体腔内充满着体腔液，其中膨压很大，配合纵肌收缩使它们只能作拱曲运动而不能作伸缩运动。

环节动物也有发达的皮肌囊，同时，由于消化管的管壁也产生了由环肌和纵肌组成的肌肉层，消化管的蠕动加强了。软体动物的肌肉很发达，尤其是运动器官。节肢动物已经形成了坚硬的外骨骼，故紧贴在体壁内的肌肉纤维已经集合成束，并按照各个体节着生在腿的末端或附着在邻近的两个关节上，当肌肉收缩时便能使外骨骼发生杠杆作用，帮助各个体节及其附肢的运动。它们的肌肉细胞从组织学上来看，已不再是平滑肌而是纹肌的结构，所以具有迅速而强有力的收缩能力。

从电镜照相可以看到，每条肌纤维是由较粗的肌球蛋白丝和较细的肌动蛋白丝组成，即在光学显微镜所看到的暗带（A 带）和明带（I 带）。粗的肌球蛋白只存在于 A 带，细的肌动蛋白存在于 I 带，并向 A 带伸入而与肌球蛋白丝相互交错。肌动蛋白丝是平滑的肌球蛋白丝，每隔 60～70Å 就分出刺状突起。当肌肉收缩时，两种肌丝重叠在一起，细的肌动蛋白丝深入 A 带中，这样好似 I 带短了。

5. 体腔

腔肠动物是最早出现胚层的一类动物，它们的体壁是由内外两个胚层组成，内有一空腔，兼有肠腔和体腔的作用。扁形动物无体腔，仅由中胚层形成的肌肉组织和实质分担了内、外胚层的支持和运动作用。线形动物具初生体腔，从胚胎发育过程来看，这个体腔是由胚胎时期的囊胚腔直接演变而来，这种体腔叫初生体腔（假体腔）。初生体腔从形态结构来看，有以下两个特点：①在这个体腔的周围没有体腔上皮，故其外侧即以体壁上的纵肌为界，其内侧则以消化道的内胚层为界；②这个腔没有任何管子或孔开口于体外，其排泄器官的一端虽然也开口于体外，但是，另一端并不和体腔相通。

从环节动物开始才有真体腔或次生体腔。从胚胎发育来看，这个体腔是卵裂时期的两个原始中胚层细胞分裂而形成中胚层带，该带按节分裂为成对的体腔囊，其腔发育为真体腔。这种体腔的形成方式称为端细胞法或终胚法。原口动物的体腔形成都属于这种方式。从形态结构上看，它与初生体腔也不同：①腔的周围都有起源于中胚层的体腔上皮；②排泄孔、生殖孔及背孔等与外界相通。体壁与消化管都有较发达的肌肉层。环节动物具有发达的中胚层和次生体腔，这对于消化、排泄、循环以及全部代谢过程都有提高和增强的作用。但是，在蛭纲中次生体腔又被结缔组织所填充而逐渐缩小，它们仿佛又和扁形、纽形动物一样没有体腔了。只要仔细观察，就能看到它们的血窦就是次生体腔的遗迹。

软体动物的次生体腔，并不像环节动物那样发达，只有围心腔、肾腔和生殖腺腔是它们的遗迹，它们的次生体腔因内脏器官的挤入而缩得很小，但由于是开放式循环系统，所以，组织间隙中充满着血液，形成血窦。

节肢动物虽然从环节动物演化而来，但是，其体腔无论从胚胎发育或从成体来看都不同于环节动物。在胚胎时期它的每个体节也同样出现体腔囊，当进一步发育时，它并不继续扩大形成宽阔的体腔，而恰恰相反，这些体腔囊壁离解而形成肌肉、支持组织和填充组织等，其腔不再存在而与周围的初生体腔合并，形成混合体腔，最后，仅成体的排泄器官腔和升值腔为体腔的残留。混合体腔中充满着血液故又称为血腔。棘皮动物具有宽广的次生体腔包围在消化器官和生殖腺的周围。此外，它还有若干小的体腔囊，包括轴窦、围血系统和水管系统。棘皮动物的体腔形成方法是肠体腔法，是后口动物共有的特征。

6. 营养和消化

在自然条件下，除少数原生动物能进行自养外，绝大多数动物都是异养性的。食物中的大分子蛋白质、糖类和脂类必须分解成较小分子，才能透过细胞膜被动物所吸收。在分解过程中一般要进行水解作用（hydrolysis)。此外，还要有催化剂——酶的参与，这样能使反应加速。酶有它的专一性，一种酶只能对一定的物质有催化作用，由于酶的特异性，在体内发生的许多复杂生化反应需要种类繁多的酶。肠道的消化酶刚从细胞分泌出来时，没有催化能力，这叫酶原（zymogen)，酶原需要经过一定条件的作用后，才能转变为有催化作用的酶，这个过程叫酶原的激活。消化后形成的较小化合物被肠道细胞所吸收。

食物的消化不外两种方式，即化学消化和机械消化。化学消化是靠消化酶的作用把大分子食物分解为小分子，蛋白质分解为氨基酸，糖类分解为单糖，脂肪分解为甘油和脂肪酸等。所谓机械消化是靠消化管的运动，把食物磨碎，并使已磨碎的食物和消化酶充分混合，以便迅速进行化学消化，同时，使已消化的食物与消化道管壁接触而加速吸收。

原生动物没有专门的摄食结构。变形虫伸出伪足包围食饵，在体内形成食物泡。草履虫和其他纤毛虫有一个永久的口沟，内有纤毛。由于纤毛的摆动能将食物颗粒送至胞口而汇聚于食物泡中。海绵的领细胞能捕捉并吞食微小食物颗粒，送入食物泡中。原生动物和海绵动物的消化都是细胞内消化。腔肠动物先由内胚层细胞向腔内分泌消化酶，进行细胞外消化，已消化的食物颗粒一部分被内胚层细胞摄入食泡内，在其中进行细胞内消化。腔肠动物没有肛门，未被消化的废物由口排出体外。扁形动物的消化和腔肠动物一样，食物和废物经由同一孔出入，消化作用也是一部分在细胞内、一部分在细胞外进行。扁虫的肠道分枝很多，被吸收的食物能输送到身体各部分中去。

从纽形、线形动物开始出现肛门。它们摄食外界大量食物就可以从消化道的一端进入，未经消化的残渣从另一端排出，循着一定的途径进行，不致使消化的和未消化的食物混在一起，同时它们已完全过渡到细胞外消化的方式，能消化更多、更大的食物，从而获得更多的养料。机能上的分化又引起了形态上的分化，最后，也就能更进一步地发展成各种消化器官的环节动物，如前肠分化为口腔、咽、食道、嗉囊和砂囊等，以进行摄食、转运、储存和研磨食物；中肠有消化食物和吸收营养的机能；后肠很短，有储藏和排出残渣的功能。消化道的构造除内胚层形成肠上皮外，还有中胚层形成肌肉，肠壁有了肌肉就大大增加消化道独立蠕动的机能，故从环节动物开始，消化功能除了化学作用外，又增加了机械作用，两种作用相兼并行，消化效率就得到很大的提高。

软体动物消化系统的复杂化，表明消化道的增长和弯曲以及消化腺的发达，因此，化学和机械的两种作用得到进一步发展。节肢动物有各种各样的食性，故消化道的变异很大。丰年虫和柞蚕的消化道很直，与环节动物相像。高等甲壳类的胃分贲门胃和幽门胃两部分，前者用以研磨食物，后者有过滤作用。蛛形纲的食道膨大成吮吸胃。在昆虫中植食性种类的消化道一般较肉食性的种类长。棘皮动物的消化道与其生活习性和食物的性质有密切的关系。海星纲的胃同甲壳类一样，分为贲门胃和幽门胃两部分。海参和海胆的肠很长，盘旋在体内。海百合由于营附着生活，肛门通常转移至口面，蛇尾类肛门消失。图1－10为无脊椎动物的消化系统。

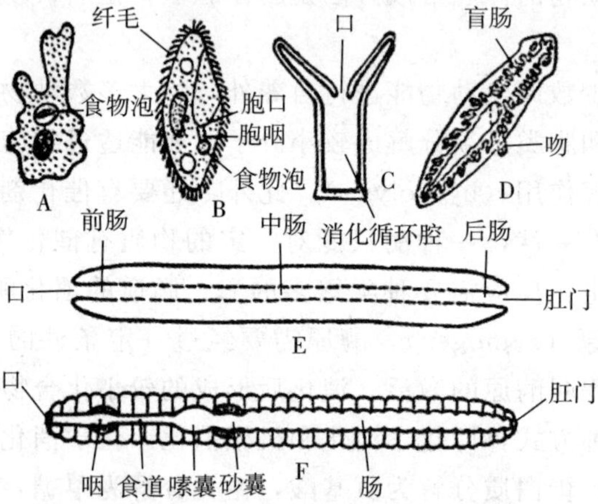

图1－10　无脊椎动物的消化系统

7. 呼吸

所有动物在代谢过程中，都需要进行呼吸作用。根据气体扩散的基本原理，如果两种气体被一薄层分隔，则由浓度高的区域向浓度低的区域扩散。空气或水中的氧分压大于动物体内氧分压，因此，氧气便扩散至体内。同样，体内的 CO_2 分压大于周围环境内的 CO_2 分压，则 CO_2 即从体中排出。

低等水生无脊椎动物没有专门的呼吸器官，其呼吸机能是通过整个体表并辅以消化道的内膜作为呼吸膜，以扩散作用来进行气体交换。鞭毛虫和纤毛虫以鞭毛或纤毛不断地击动水流来供给氧气。海绵动物由于领细胞的鞭毛不断摆动，水流通过水沟系不断带进新鲜的氧，同时排出 CO_2 废物。水螅和水母除体表进行呼吸外，水流在消化道中出入也有助于气体交换。较大而活跃的水生无脊椎动物，当其呼吸膜的表面积不能提供足够的氧气而需要加强气体交换时，在其身体某一部分的表面，出现了专门的呼吸器官——鳃。鳃是由许多片状物或丝状物组成，它可以增加溶解氧的吸收面积。由于靠近鳃表面的水中溶解的氧很快地扩散到体内，因此，必须有大量的水流通过鳃。由于鳃在水中摆动需要消耗能量，因此，水流通过鳃时，一般朝着一个方向流动，这样要比来回摆动鳃更能节约能量。软体动物把取食和呼吸作用结合进行。有些软体动物和甲壳类可以用逆向水流交换（counter current exchange）的办法，来加强鳃的作用，也就是水流和血液经鳃的方向相反，这样水中所有的氧都能扩散至血液中去，比顺向水流交换要优越得多（图 1－11）。

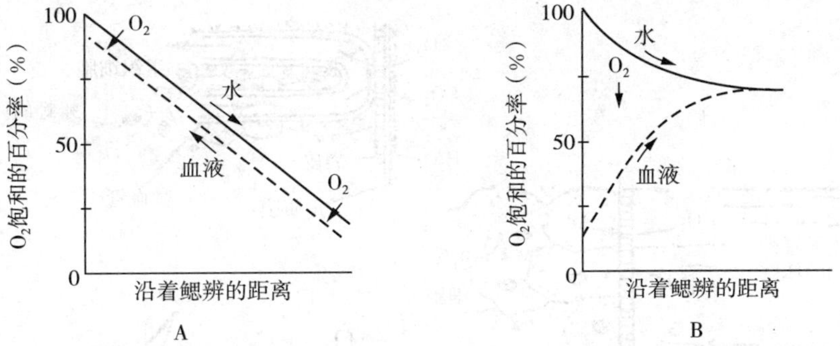

图 1－11　两种氧气交换的图解

无脊椎动物鳃的结构是多种多样的。多毛类的鳃有分枝状或羽毛状，它们的疣足除行动外也有呼吸作用。水栖寡毛类在身体的前端或后端常有丝状或叶状的鳃，少数蛭类如鳃蛭也有鳃的构造。鳃内含有丰富的毛细血管，鳃轴两侧各有一排丝状或叶状的鳃片，上面密生纤毛。由于鳃不断和新鲜水流相接触，故血液也就能与外套腔内的水流进行气体交换。水生节肢动物，如桡足亚纲身小体薄，故它可利用整个体表来交换气体。软甲亚纲的等足目身体具有较厚的外骨骼，所以，它们常在腹部的游泳足上保留薄的角质膜以进行呼吸。高等甲壳类的附肢基部或其附近体壁形成鳃，鳃位于鳃腔内（branchial chamber），由于第二小颚的外肢颚舟片的不断摆动，水流从背甲的后端和足间进入鳃腔，由鳃腔的前端流出；蟹类由于背甲在腹面较紧密，水流从钳足的基部进入鳃腔而从鳃腔的上端流出（图 1－12）。海星纲的皮鳃、海参纲直肠上生有一对分枝的呼吸树、管足和海百合的羽状枝都有呼吸功用。

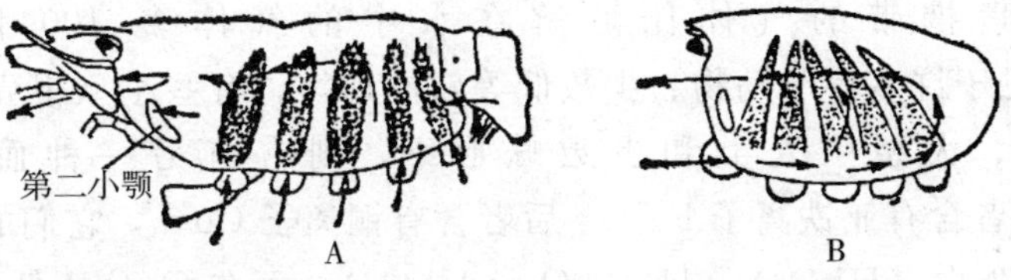

图 1－12　甲壳类，示水流通过鳃腔的方向

A—螯虾头部侧面观，水流经过鳃腔的方向；B—螯虾头部正面观，水流经过鳃腔的方向

陆生无脊椎动物如蚯蚓通过润湿的皮肤以进行气体交换。有些动物的鳃可以在湿润的空气中进行呼吸，这些鳃位于鳃腔内，这里保持较高的湿度。如有些螯虾（*Cambarus*）能在夜晚短时期内离开水道陆地上来觅食。有些小型陆生甲壳类能在湿润的石块下生活。气管系统是陆生动物最普通和最有效的呼吸系统，它是由身体两侧的表皮和几丁质外骨骼内陷而成，它只靠扩散作用来进行气体交换。那些飞翔力强的昆虫在它们气管干上往往扩大成气囊，当它借肌肉收缩气囊的压缩和伸张能促进通风。陆生蜗牛的鳃已退化，而在外套膜的内壁上密布着无数血管网并使外套膜的出口缩小，使整个外套膜变得像肺一样呼吸空气。此外，蝎目和蛛形纲的书肺是由很多薄膜状的鳃片，重叠排列如书页状，空气与薄膜直接接触，以进行气体交换（图 1－13）。

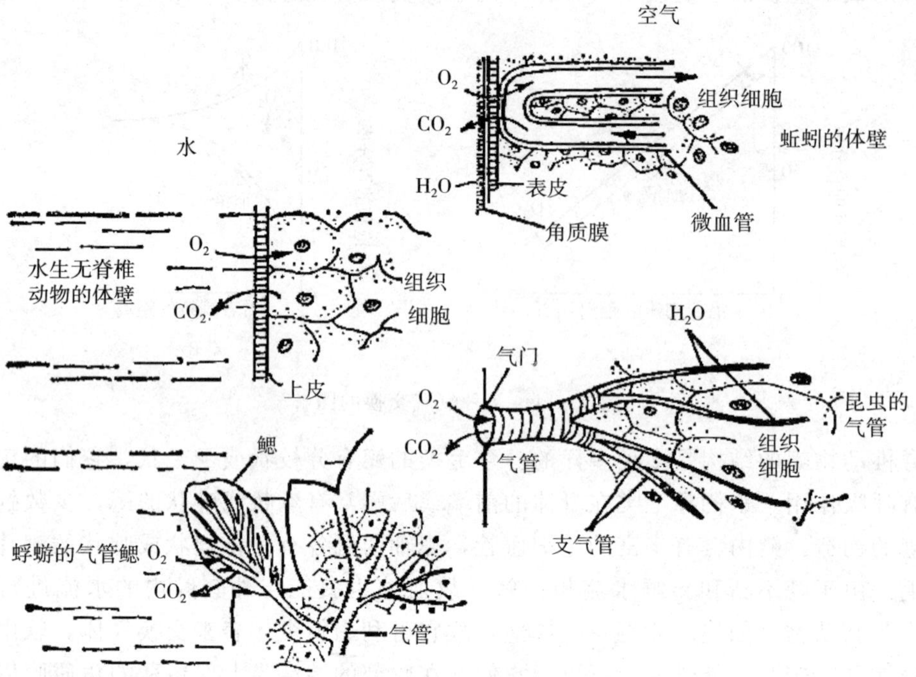

图 1-13　无脊椎动物的呼吸系统及其机能

在有些多毛类和棘皮动物中，气体的运输靠体腔液的流动来完成，但多数动物则依靠血液来运输。血液携带 O_2 与 CO_2 的能力主要是由于血液中有呼吸色素（respiratory pigments）的存在。如果血液仅是水的话，每 100 毫升血液只能携带 0.2 毫升的 O_2 和 0.3 毫升的 CO_2，由于它含有血红素，因此每 100 毫升能携带 20 毫升的 O_2 和 30～60 毫升的 CO_2。可见血色素携带的气体比溶解在水中的气体多 100 倍以上。血红素（hanemoglobin）见于许多环节动物、少数低等软体动物、有些小型甲壳类和昆虫幼虫等，而多数软体动物、大型甲壳类和少数蛛形纲，则含有另一种血色素——血青素（hemocyanin），前者含有亚铁离子 Fe^{2+}，后者含有铜离子 Cu^{2+}，它们的特点是极易与 O_2 结合成为氧合血红蛋白（HbO_2）（$Hb+O_2\rightarrow HbO_2$），而在 O_2 分压低的地方它又很容易把 O_2 释放出来，称为还原血红蛋白（$HbO_2\rightarrow Hb+O_2$）。

8. 运输

动物的代谢作用需要不断供给养分和氧气，同时，不断地运走其产生的代谢废物。在单细胞动物中，物质的运输是借分子扩散来完成的，通常辅以细胞质本身的活动，如草履虫的细胞质内有循环运动。海绵动物、腔肠动物和扁形动物的细胞与细胞间物质的运输是借扩散进行的，其中，有些扁形动物则依靠体壁肌肉的收缩以促使体液的运输。扩散作用仅限于小型动物，大型种类则靠循环系统，纽形动物有一条背血管和两条侧血管，并有横血管相连接，血流的流动有时靠身体的运动来进行，故没有一定的方向。但是，循环系统的出现，对加强动物运输机能起了很大的作用。环节动物有较完善的循环系统，包括血管、心脏和血液。血液由血浆和血细胞组成，许多无脊椎动物的血细胞是无色的，血红素或血青素溶解在血浆中。如果血液均在血管内流动，这叫作闭管式循环，否则，称开管式循环。蛭纲的循环系统是由次生体腔演变而成为血窦，这种血窦的形成又经过一系列的变化过程。

位于围心腔内的肌肉质心脏是软体动物循环系统的中枢，而只能使那些连系着动脉管和静脉管的毛细血管扩大，并开口在结缔组织的许多空隙（血窦）中，这就是动静脉间无直接联系，血液不封闭在血管中的开管式循环。在活动缓慢的腹足类和瓣鳃类，开管式循环系反而能使各器官浸润在血液中。这与它们的活动方式相适应的，闭管式循环并不一定比开管式循环高级，但它与动物的活动力的强弱有关。软体动物头足纲重新获得闭管式循环，是由于乌贼一类的动物，在海洋里迅速游泳时，闭管式循环系统能保证动物具有较高的血压和较快的血液流动，使营养物质迅速地输送至各器官，同时，使肌肉得到充分的氧。

节肢动物的心脏通常位于背侧中央的一条肌肉质管，血液由心脏两侧成对的心孔进入，心孔有瓣膜阻止血液逆流。节肢动物的开管式循环与它们发达的呼吸系统有密切关系，如它们的呼吸作用局限在身体的某一部分，或由一种器官进行时，其循环系统就不发达。昆虫的活动能力很强，但是，它们的氧气供应已由气管系统所代替。棘皮动物的循环系统很不发达，只是许多不规则的小空隙而已（图 1－14）。

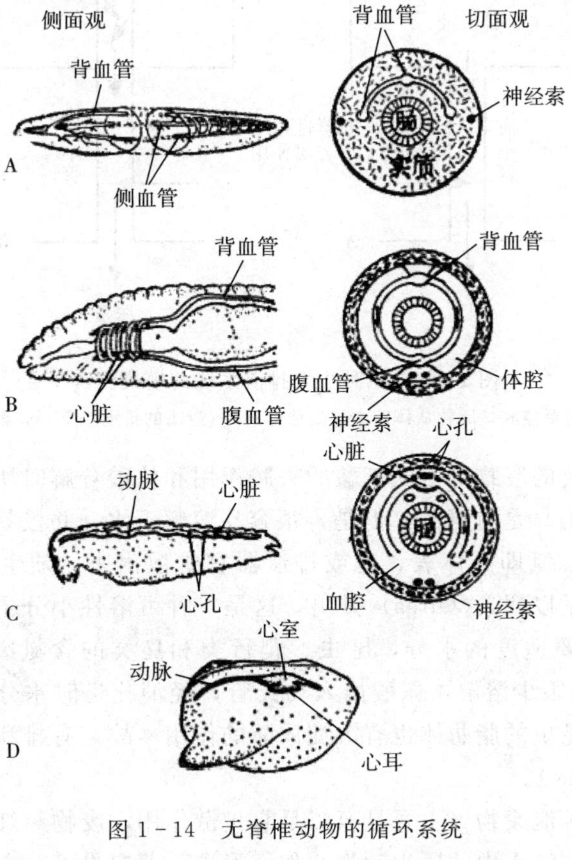

图 1－14　无脊椎动物的循环系统

9．排泄和体液调节

在新陈代谢过程中，动物摄取的蛋白质、核酸以及其他含氮化合物，不断地合成和分解，因而产生氨、尿素、尿酸等含氮废物，这些物质对动物是有毒的，聚集起来将严重影响代谢作用的进行，故必须有排泄器官将这些废物从血液或其他体液中排除。排泄器官不限于排除含氮废物，还包括调节体内水分以及体液内盐、酸、碱和有机物质的浓度。这样，细胞才有一个稳定的环境以进行其正常功能。排泄方式一是简单的扩散作用，二是消耗能量的主动作用。排泄器官都呈管状或囊状，适于浓缩废物。它们不外乎两种形式：一是排泄管的内端开口于体腔，排泄管由微血管包围着，废物从血液中过滤到体腔液中，少量糖、氨基酸、水、盐等被有选择地重吸收，与排泄管分泌的废物同时进行，最后代谢废物、水、盐分浓缩在管腔中，以尿素的形式由肾孔排出体外，如蚯蚓的肾管。二是排泄器官的末端并不开口在体腔内，而是浸浴在血液中，血液中的代谢废物过滤到排泄管中，通过重吸收和分泌作用，将废物加以浓缩，然后以尿素排出体外，如甲壳类的绿腺（图1-15）。

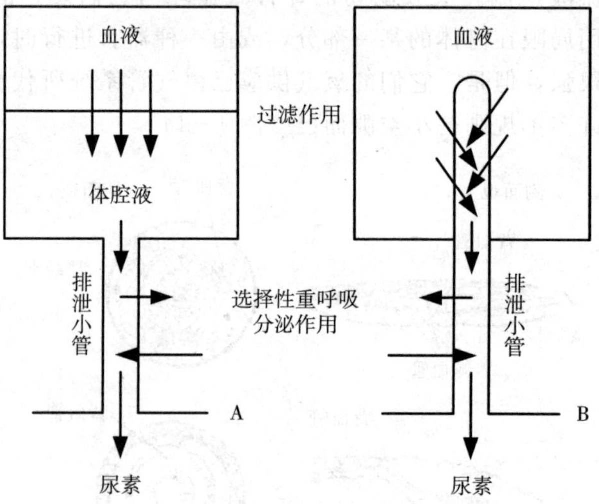

图1-15　两种主要排泄系统的模式图解

A—排泄小管直接通至体腔，废物从体腔中过滤浓缩；B—封闭的排泄小管，废物从血液中过滤浓缩

动物排泄的最主要的废物是由氨基酸的去胺作用和核酸分解时所产生的含氮物质。去胺作用形成的氨（NH_3）是有毒的，但是，很容易溶解于水，并极易扩散。淡水生活的动物有丰富的水可利用，氮即经体表、鳃或排泄器官扩散出来。陆生动物不能大量排泄水分，含氮废物大部分是以尿素（urea）排出，这是一种可溶性小分子，极易扩散，且比氮的毒性小。尿素还需要适度的水分，昆虫、爬行类和鸟类的含氮废物转化为尿酸（uric acid）排出，这种物质很少溶解，尿酸排入马氏管，经消化道时水分被重吸收，尿酸以糊状的形式排出体外。昆虫的脂肪体也有沉淀尿酸的作用，故兼有排泄作用。蛛形纲的排泄废物为鸟嘌呤（guanine）。

多数原生动物的排泄废物（主要是氮）是靠扩散作用。废物经细胞膜进入其周围浓度较低的水域中。生活在淡水中的原生动物，如变形虫、草履虫等，在它们细胞内的盐类浓度高于周围环境，因此，水分经常渗透入内，而这些过剩的水分又必须排出，这就靠伸缩泡（一个或两个）来调节体内的渗透压。海绵和腔肠动物没有专门的排泄器官，它们的废物也由细胞内扩散到外界去。扁形、纽形动物和轮虫的焰细胞和原肾管的主要功能与原生动物的伸缩泡一样，起着调节体内水分的作用，它们的代谢废物氨是通过体表排出。线形动物（轮虫除外）的排泄器官比较特殊，它的结构是一个大型的腺细胞（原肾细胞），内有一个腺管及其开口。这种腺细胞位于身体的前端，故称颈腺。在寄生线虫中相当于颈腺的那个大细胞变成一个两分支的盲管，这个盲管即位于皮肌囊的两条侧线中，管内无纤毛，故与原肾还有根本的区别。环节动物具有典型的排泄管，称后肾。它是一个盘曲的管子，内端具纤毛的喇叭口，开口于体腔，称肾口；外端开口于腹面两侧，称排泄孔，每节有一对，称体节器，起源于外胚层；在某些种类起源于中胚层的体腔管也有排泄作用。软体动物的排泄器官与环节动物的后肾同源，一端具有纤毛的肾口，开口于围心腔（真体腔）；另一端开口于体外（外套腔），此管的中间部较膨大，四周形成许多褶壁，富有血管，能摄取血液中的代谢废物——尿素，这种肾管又称肾腔。

节肢动物的排泄器官不同于上述的原肾管或后肾管而是由体腔管形成的，属于第二种类型。甲壳纲的触角腺或颈腺、蛛形纲的基节腺等的内端均为一盲囊，浸浴在血液中，血液中的代谢废物过滤到肾管，重吸收在肾管和膀胱中进行，最后，形成的尿素通过肾口排出。蛛形纲的马氏管和多足纲、昆虫纲的马氏管分别起源于内胚层和外胚层，它的数量较多，代谢废物中的水分通过直肠被重新吸收，分别以鸟嘌呤（蛛形纲）、氨（多足纲）和尿酸（昆虫纲）的形式与粪便一起由肛门排出。棘皮动物的养料以及气体的运转均由体腔液行使，同时，体腔液中的变形细胞将代谢废物转送至皮鳃排出体外，故无特殊的排泄器官（图 1-16）。

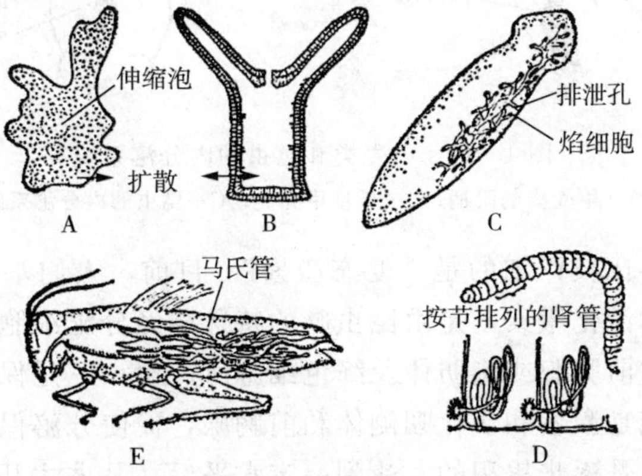

图 1-16 无脊椎动物的排泄系统

A—变形虫；B—水螅；C—涡虫；D—蚯蚓；E—蝗虫

10. 激素及其调节

动物要适合其环境生存下去，各部分的活动必须协调，活动的协调主要靠两个器官系统来完成，即神经系统和内分泌器官。借神经和感官使动物对环境作迅速而确切的反应。内分泌腺所分泌的物质称为激素，它的化学物质有的是蛋白质如胰岛素，有的是氨基酸如甲状腺素，有的是类固醇如蜕皮素。这些物质由血液带到身体的某一部分，以特殊的方式影响那一部分的细胞活动。对无脊椎动物的内分泌器官了解较少，研究较多的是甲壳类和昆虫的内分泌腺。在甲壳类眼柄的视神经节内有一 X 器（X-organ），它的轴突延伸至眼柄内的窦腺（sinus gland）；另一种是位于大颚肌基部的 Y 器（Y－organ），由一圈散漫性的外胚层细胞组成。Y 器分泌的激素能引起蜕皮，X 器的激素有抑制或延迟 Y 器分泌的作用。在蜕皮期间中，Y 器分泌的颗粒聚集在一起，等到 X 器的活动停止或减低时就很快地分泌出来，最终引起蜕皮（图 1－17）。

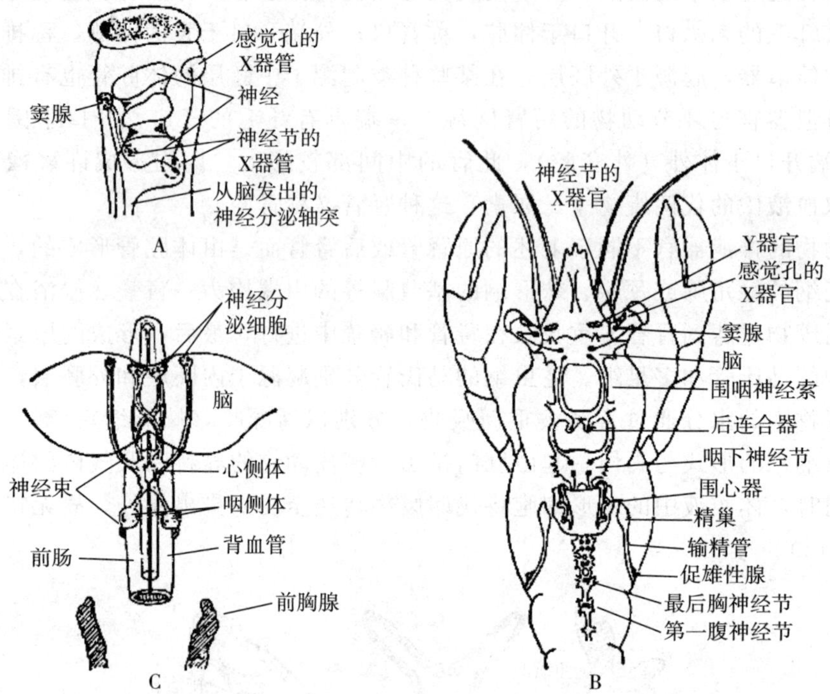

图 1－17　甲壳类和昆虫的内分泌系统

A—甲壳类的眼柄；B—雄性甲壳类；C—昆虫的内分泌系统

昆虫激素中研究得比较详细的是“变态激素”。目前，人们基本明确的主要有三类内激素：一是脑激素或称活化激素，是由昆虫脑的特殊神经分泌细胞所产生；二是蜕皮激素或称前胸腺激素，是由前胸腺或脂肪体及绛色细胞所产生；三是保幼激素，是由咽侧体产生。脑激素的主要功能是激发和活化咽侧体和前胸腺，促使分泌保幼激素和蜕皮激素。内分泌腺体分泌的激素量是逐步累积的，达到一定水平后，昆虫才开始蜕皮；蜕皮期间激素含量又降到最低水平，所以分泌量呈现周期性。在幼虫发育时期蜕皮激素和保幼激素同时存在，共同起作用时，幼虫蜕皮仍然为幼虫。在全变态昆虫中，当保幼激素含量降低而蜕皮激素仍继续分泌的时候，引起幼虫化蛹的蜕皮，最后变态为蛹；当保幼激素的浓度大大降低或几乎不存在时，蛹在蜕皮激素的控制下蜕皮为成虫。在半变态昆虫中当保幼激素的含量减少时，蜕皮激素引起幼虫蜕皮为成虫。在成虫时期保幼激素又重行分泌，对卵的成熟和胚胎发育起一定作用。另外，心侧体除贮存脑激素外，本身还能产生一种激素，可影响心脏搏动率、消化道的蠕动和利尿等；咽下神经节能分泌滞育激素；睾丸端细胞能分泌雄性激素等。除内激素外，昆虫个体的特殊有管腺能分泌外激素或称信息激素，它是昆虫个体向环境释放的一类化学物质，这类物质在环境中起着同种个体间传递信息（通信）的作用。目前，主要有各种昆虫的性外激素，蛾类的聚集外激素，蚂蚁和白蚁的追踪外激素，社会性昆虫的报警外激素等等。

11. 神经系统及其功能

动物体各部分之间的联系以及动物与外界环境之间的联系，都是通过神经系统才能获得协调和统一。原生动物、多孔动物都没有特化的神经细胞。多孔动物出水口处细胞的缓慢收缩是由于刺激后的局部反应。腔肠动物水螅体的神经细胞，以其本身的突起相互连接，组成网状神经系。水母体因活动的生活方式，神经系统也较发达，并集中形成了位于身体周缘的神经环。扁形动物的神经细胞都已和外胚层相分离，并且其中绝大多数的神经细胞聚集在身体前端的背面，形成一个相当大的神经节，即所谓脑神经节。由神经细胞所延伸出的神经纤维也互相聚集在一起，成为若干对神经索，脑神经节和神经索组成中枢神经系统。在神经索上常有横神经的分支，且能互相联系，因它们的整个神经系统与阶梯相似，故称梯形神经系统。横神经分支的末端往往分布至皮肌囊中的感觉细胞和肌肉细胞上，由感觉神经元传来的神经冲动。首先，在脑神经节内通过联络神经元传递给另一个运动神经元。然后，再传至肌细胞或腺细胞，这就形成了反射弧。因此，扁形动物对外界的刺激也就发生局部的、更准确的反应，而不再像腔肠动物那样，只要有一点轻微刺激就会波及全身了。

线形动物的中枢神经系统与扁形动物相似，主要有围绕食道周围的一个神经环和由它伸出六条纵走神经，其中仅背、腹两条神经较发达，分别位于背、腹线内。

环节动物和软体动物的中枢神经系统是向两个不同方向发展的。环节动物的神经系统较梯形神经系统更为集中，且按节排列。它们的中枢神经系包括一对发达的咽上神经节（又称脑），以及由脑发出的一对围咽神经索，至消化道腹面，连接着咽下神经节，再从咽下神经节一直伸向身体的后端，成为由两条合并神经索包在一层结缔组织内的腹神经索。在每个体节中，神经细胞集中而膨大成为腹神经节，这种神经系统称链状神经系统。软体动物由于活动较少故相应的神经系统也不发达，但是，头足纲由于营掠夺性的生活方式，脑高度发达，是软体动物中枢神经系统发展的高峰。

节肢动物的神经系统与环节动物基本相似，只是其中某些神经节随着体节的愈合，相邻的神经节也彼此愈合和更为集中，如它们的咽上神经节和眼下神经节总是各有三对神经节愈合而成。蜘蛛和蜱螨的神经系统最为集中且已愈合为一个神经团，因此，它们对环境的反应也就较环节动物复杂得多。

棘皮动物的中枢神经系统不发达，也没有集中的脑，它们有三个神经中枢，各个中枢都与上皮细胞相连，其中一个由外胚层形成的外神经系较明显，它是在围血系统下方由口周围的一个神经环和步带沟内的五条辐射神经所构成（图 1－18）。水母、海葵、环节动物、头足类、鳌虾和须腕动物等都有巨神经纤维，这些纤维能迅速传导刺激并引起动物的快速反应。

12. 感觉器官

感觉器官是神经系统与外界环境间的媒介，与神经系统一样也由外胚层发生。感觉器官的发展与动物的活动方式和外界环境有密切的关系。感觉器官按其所感到刺激的种类来分类可区分为：一是化学感受器（chemoreceptors），感觉外界化学环境的变化，如嗅觉和

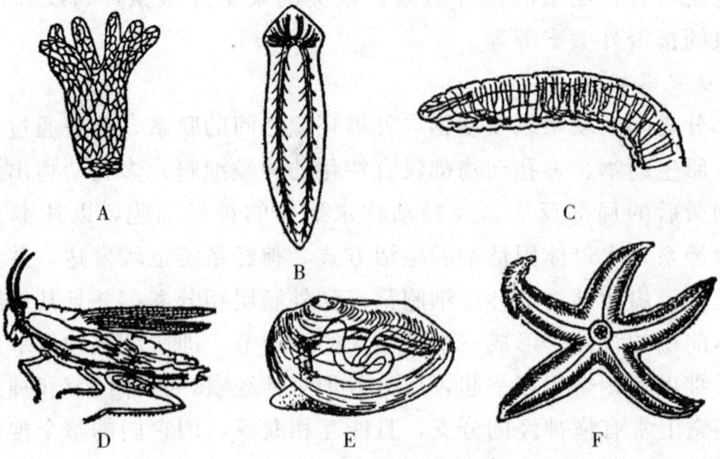

图 1-18　无脊椎动物的神经系统

A—水螅；B—涡虫；C—蚯蚓；D—蝗虫；E—河蚌；F—海星

味觉。二是机械感受器（mechanoreceptors），感受机械刺激，包括触觉、痛觉。本受器（proprioreceptors）即对身体位置的反应，如肌肉和关节的伸展、重力方位的平衡、听觉等。有人把听觉和平衡归入听觉感受器（phonoreceptors），即感受物质的振动频率和强度。三是视觉感受器（photoreceptors），感受光波的光子能量。四是温觉感受器（thermoreceptors），感受温度的变化。五是电受器（electoreceptors），仅在少数鱼类中存在。

化学感受器在多数低等动物嗅觉和味觉的区别是很模糊的。扁形动物三肠目涡虫的耳状体有触觉和嗅觉作用。环节动物多毛类头部后端两侧有纤毛窝（或称项器）有嗅觉作用。蚯蚓的口腔感受器有嗅觉和味觉的功能。在乌贼眼的后方有一凹陷，为嗅觉器，其上皮有很大感觉细胞。腹足类在鳃的基部有一嗅检器，它的作用为鉴别水质，是软体动物特有的感觉器官。节肢动物特别是昆虫的嗅觉器官特别发达，对极稀少的其他分支能产生反应。昆虫的嗅觉器主要位于触角上，其次为下颚须和下唇须上；味觉器官多位于口器上（如蝇类和虻类的唇瓣，蜚蠊的下颚须和下唇须）、口前腔壁上（如鳞翅目幼虫和半翅目）、足跗节上［如蜜蜂（*Apis mellifera*）、家蝇（*Musca domestica vicina*）、蛱蝶（*Polygonia caureum*）、粉蝶（*Pieris rapae*）、夜蛾（Noctuidae）］以及产卵器上［如姬蜂（Ichneumonidae）、小蜂（Chalcidoid）、蟋蟀（Gryllidea）］。

机械刺激一般包括实体的接触、身体的张力、空气的压力和水波的振动等。机械感受器中最简单的为低等动物的感觉毛（tactile hair）。腔肠动物和环节动物的触手、触须、刚毛和节肢动物的触角、感觉毛等都有触觉作用。水生昆虫感受水波振动而趋捕猎物、飞行昆虫感受气流而决定飞行方向等。平衡和听觉在低等动物中也普遍存在，腔肠动物和栉水母动物有平衡囊或平衡器。平衡器通常是感觉细胞所构成的空心圆球，其中，有一块至数块砂石或碳酸石灰质的平衡石（statolith），因重力而压迫感觉细胞。当动物的位置改变时，这块平衡石就压着不同的感觉细胞，动物即被刺激而重新设法获得平衡。多数软体动物位于足神经附近有皮层下陷而形成的平衡囊，内有平衡石。螯虾的平衡器位于第一对触角的基节内。在昆虫中双翅目有平衡棍，当翅膀上下摆动时，它也跟着运动，作用一如旋转仪。当翅膀扑动的方向改变时，平衡棍基部的感受器即被刺激而送出神经冲动，使昆虫保持平衡。许多节肢动物特别是昆虫，具有鼓膜听器如蝗科和蝉科的听器位于腹部第一节两侧；螽斯和蟋蟀的听器位于前足胫节基部；鳞翅目成虫位于后胸或第一腹节上。它们能感受每秒若干频率的音波以招引雌虫。

在自然界，几乎所有的动物对光都是敏感的，并对不同强度的光波起反应。某些原生动物和水母具有感光的眼点，即使没有感光器官的原生动物也有对光起反应的能力。一个简单的无脊椎动物的眼，如涡虫通常含有一层由色素细胞构成的杯状构造，这些色素细胞遮蔽感光细胞，感光细胞埋藏在色素细胞的内层，这样使多方向来的光线只有一个方向照射它。环节动物一般都有眼，一些高等穴居种类虽不具眼的结构，但是，其全身或身体的大部分对光都普遍有反应。蚯蚓的眼虽已消失，然而，它的体表有感光细胞，当光的强度增加时，蚯蚓就缩回洞穴。软体动物的眼通常位于头部或触手上，田螺的眼位于触手基部，由皮肤内陷而形成网膜，内有晶体、感光细胞和色素细胞。头足类的眼构造很复杂，几乎与脊椎动物的眼相似，有前房、后房、虹膜、角膜和晶体等构造，还有一层视网膜细胞和一个视神经节，有一套调节焦距的机制。昆虫纲和甲壳纲的眼最为发达，复眼由许多小眼构成，造成镶嵌式或重叠式物象。鲎的眼为复眼，在每个小眼内有几个晶体细胞，且有共同的视杆（图 1－19）。

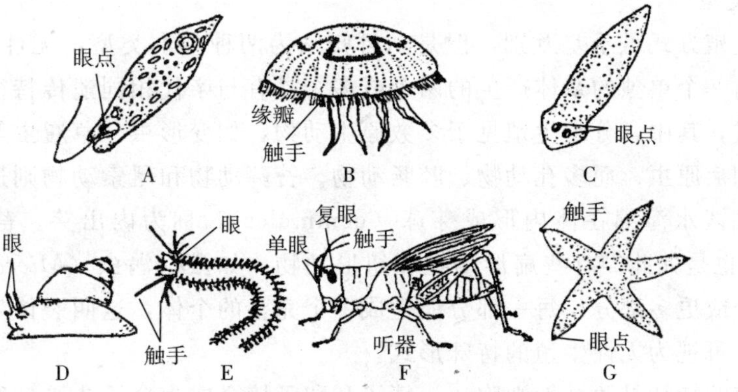

图 1－19 无脊椎动物的感觉器官

A—眼虫；B—水母；C—涡虫；D—蜗牛；E—沙蚕；F—蝗虫；G—海星

温度感受器见于各种不同的动物。原生动物如草履虫会避开热水和冷水，而喜集中于温度适中的区域。蝗虫触角的基部、前足和后足的跗节及爪垫，对温度最敏感。蟋蟀主要以触角，其次以尾须、腹部及翅感受温度的变化。吸血昆虫如吸血椿象、臭虫等，凭其附近温度的差别而觅求其寄主。实验证明，如果除去臭虫的触角，它就不可能找到寄主。

13. 生殖

在生物世界中，每个生物体都能产生新的生命个体。这也就是人们常说的“所有生命来自生命”。产生新的生命，这是所有生物的基本特征。动物的生殖系统，一般是雌雄同体逐渐发展为雌雄异体。生殖方式也是从无性生殖发展到有性生殖。原生动物大部分营无性生殖。而草履虫为接合生殖，这种生殖方式虽然在形态上无雌雄分化，但是，小核交换物质是有性生殖的初级阶段。多细胞动物都有雌雄生殖细胞的分化，这些生殖细胞都由生殖腺产生。生殖腺连合生殖导管、附腺等形成生殖系统。多孔动物还没有形成生殖腺，生殖细胞分散在中胶层中。腔肠动物的生殖腺较原始，只是一堆由外胚层或内胚层来源的间细胞分化为生殖细胞，生殖腺的产物自行在体壁上穿孔而出，无生殖导管。扁形动物除有生殖腺外，尚有中胚层形成的生殖导管与之相连，形成较为完善的生殖系统，但多数为雌雄同体。从线形动物开始，生殖器官为雌雄异体，雌雄异体的发生在动物进化上有重要的积极意义。环节动物生殖系统的重要特征是生殖腺与体腔紧密相连，且生殖腺由体腔上皮产生。此外，由胚层形成的体腔管也能排出生殖细胞，故兼有生殖导管的作用。软体动物有一对生殖腺，位于围心腔的两侧，成熟的生殖细胞先落入围心腔中，然后，通过肾管经外套腔排出体外，在外套腔或海水中进行受精。石鳖和多数瓣鳃类却有专门的生殖导管，生殖细胞通过生殖导管排出体外。节肢动物为雌雄异体，生殖腺都呈管状，且直接与生殖导管（体腔管）相连。高等甲壳纲的生殖腺在前端已愈合，位于肠的上方，有成对的生殖导管，雌雄生殖孔分别开口于胸肢的基部。蛛形纲的生殖腺是来源于第二及其邻近体后节的体腔囊，生殖导管是从体腔的体壁形成，并在腹面正中汇合开口，昆虫纲的生殖系统与甲壳纲相似，但是，它们的副性腺特别发达。此外，在雌体中还有受精囊和附肢形成的产卵瓣，雄体中也有附肢变成的交配器。

（二）无脊椎动物的比较发生

1. 生殖类型

动物的生殖方式虽千差万别，但是，可归纳为两种基本类型：无性生殖和有性生殖。无性生殖是由一个单独的亲体产生的两个或多个具有与亲代相同遗传特征的后代。无性生殖有许多形式，其中，分裂生殖见于多数原生动物，如变形虫、草履虫等；孢子生殖见于孢子虫纲，如疟原虫；而多孔动物、腔肠动物、苔藓动物和尾索动物则进行出芽生殖，还有一些种类如淡水海绵在体内形成芽球（gemmules），称为内出芽。苔藓动物的休眠芽（statoblast）也是如此。有些扁形动物和纽形动物，如微口涡虫（*Microstomum*）的亲体能断裂成两个或更多部分，每一部分能生成一个完整的个体，这叫裂体生殖。此外，还有自切和再生，可视为无性生殖的特殊形式。

有性生殖的特征是两个性细胞——精子和卵子接合成为合子或受精卵，从而发育成为新个体，有一些有性生殖的特殊类型，卵不经过受精就能发育成新个体，这种现象称为孤雌生殖（parthenogenesis），如轮虫、蚜虫、蓟马等。又如海胆未受精的成熟卵，可用各种人工刺激（机械震动、变温和光能作用、弱的有机酸、高渗透溶液等），促使它不同程度的发育，这叫人工孤雌生殖（artificial parthenogenesis）。多数寄生吸虫和少数昆虫在母体未达到成虫阶段，还处于幼虫时期就进行生殖，这称为幼体生殖（paedogenesis），如吸虫的胞蚴产生许多雷蚴，雷蚴能产生许多尾蚴；昆虫的幼体生殖，如瘿蚊科的 *Miaster* 属产生的后代都是幼虫而不是卵。所以，幼体生殖可看成是孤雌生殖的一种类型，有利于在广泛分布和在不利环境条件下，保存种群生存。

2. 卵裂

从受精到卵裂是一个连续过程。卵子受精后经过多次重复分裂，形成很多分裂球的过程，称为卵裂。卵裂的方向与卵黄的含量有关。第一次分裂面是通过卵轴与卵的赤道面垂直，从动物极到植物极，将卵子分成相等的两个分裂球，叫作经裂（meridional cleavage)。第二次卵裂也是经裂，不过与第一次分裂面垂直，也与赤道面垂直，形成4个分裂球。第三次卵裂与第一、二次分裂面都垂直，与赤道面平行，将4个分裂球分成上面(动物极)4个和下面(植物极)4个分裂球，叫作纬裂(longitudinal cleavage)。以后的分裂面则按照不同类型的卵裂方式而有所不同。

含卵黄较少的多孔动物、腔肠动物、毛颚动物、腕足动物、棘皮动物等全裂卵分成8个分裂球后，分裂球以后陆续分裂是围绕着从动物极到植物极的主轴辐射型排列的，叫作辐射型卵裂(radial cleavage)。栉水母动物和海鞘的卵裂与辐射型卵裂相似，这种卵裂的特点是在早期通常在两分裂球阶段(海鞘)或四分裂球阶段(栉水母)已出现对称面，这对称面即相当于未来幼虫的对称面。左右两半所有的分裂球都对称地排列着，叫作对称型卵裂(bilateral cleavage)。多肠目涡虫、纽虫、环节动物的多毛纲、软体动物的腹足纲、瓣鳃纲的卵裂特点，开始时和辐射型相似，两次卵裂把卵分割成4个同样大小的分裂球，从第三次卵裂形成动物极的4个小分裂球和植物极的4个大分裂球。分裂轴不是与赤道面垂直而是成45°角倾斜。结果，动物极的分裂球便位于两个植物极分裂球之间，其倾斜方向是左右不断地更替着，因此成为螺旋形卵裂(spiral cleavage)。这种卵裂类型是最原始、最普遍的卵裂方式。

含卵黄较多的软体动物头足纲和蛛形纲蝎目的卵子为典型的端黄卵。卵裂仅贴在卵黄上面动物极的一小块有核的原生质进行分裂，这一区域称胚盘。这种卵裂称为盘状卵裂(discoidal cleavage)。多数节肢动物如甲壳纲、蛛形纲、有爪纲、多足纲、昆虫纲的卵裂，开始在卵子的中央进行不断分裂，后来核逐渐移至表面，形成分裂球。这种卵裂称为表面卵裂(superficial cleavage)。

3. 囊胚

卵裂的结果就形成囊胚，中间的腔称为囊胚腔。由于卵裂的类型不同，囊胚的形式也不同。那些全裂而又等裂的类型如多孔动物、某些腔肠动物、某些环节动物以及多肠目涡虫、纽虫、苔藓动物、毛颚动物、棘皮动物等，在卵裂早期就出现卵裂腔或称囊胚腔，到卵裂结束时就形成了有腔囊胚(coeloblastula)。凡属全裂但不等裂的类型，这种有腔囊胚的囊胚腔较小，而且不在中央，略靠近动物极。有些全裂卵如水螅类、水母类、某些环节动物(沙蚕)、软体动物(腹足类)由于分裂球排列紧密，中间没有腔或者分裂初期尚有裂缝，以后被分裂球排挤而消失，成为一个实心球体。这种囊胚称为实囊胚(stereoblastula)。在头足纲和蝎目中，盘状卵裂纸盒贴在卵黄上的为单层的胚盘，如果在细胞层和卵黄之间出现一个和卵裂腔相当的裂缝，那就是囊胚腔。这样形成的囊胚称为盘状囊胚(discoblastula)。昆虫的中黄卵进行表面卵裂后，卵裂核从卵黄的内部向外移动，在表面形成一层分裂球包在一团实体的卵黄外面，没有囊胚腔，叫作表面囊胚(superficial blastula)。

4. 原肠胚

这是胚胎发生过程中的一个重要阶段。在这个时期囊胚的一部分细胞通过不同形式迁移到囊胚内部，形成两胚层的原肠胚，留在外面的称为外胚层，迁到里面的称为内胚层或中内胚层。在原肠胚形成时期，细胞仍继续分裂，胚体略有生长，代谢作用旺盛，新的蛋白质开始合成。原肠形成有移入、分层、内陷或外包等几种方式。在某些水螅水母类、苔藓虫和低等甲壳类，它们有腔囊胚的部分细胞从外层经过增殖而迁移到囊胚腔中，移入的方式是从植物单极移入，逐渐将囊胚腔填满或挤掉，这叫作单极移入（unipolar migration）。这样的胚胎早已具有纤毛，不久就成为自由游泳的幼虫。

某些水母类如*Geryonia*属的有腔囊胚向内分出一层，这些细胞是通过向内脱落而进入囊胚腔的，外层就是外胚层，内层就是内胚层。又如某些水螅水母类的实心囊胚则向外分出一层成为外胚层，这种方式形成的原肠胚，通常称为分层（delamination）。

在纽虫、棘皮动物以及少数环节（寡毛类）和软体动物中，有腔囊胚植物极的细胞成片同时向内陷入，结果形成内外两胚层。内胚层围成的腔即为原肠腔，原肠腔缩小成一圆孔，称为胚孔或原口。这种方式称为内陷（invagination）。

在栉水母、涡虫、轮虫、环节动物、软体动物和某些节肢动物中，实心囊胚或盘状囊胚的植物极部分的细胞，在体积上和卵黄的含量上显著地增加，内陷已不可能，含有卵黄较多的大分裂球形成一个不太活动的细胞团，表面的小分裂球沿着胚盘的边缘向胚胎的腹面延伸包围，一般这种方式称为外包（epiboly）。

5. 中胚层的分化和体腔的形成

中胚层存在于内、外两胚层之间，即介于体壁上皮和肠上皮之间的位置。从来源看，它可以从两种初级胚层的任何一层发生，所以，有外中胚层和内中胚层之称。在结构上可以成为不规则状态的细胞和中间物质（实质）组成。腔肠动物已有中胚层的萌芽，它是由外胚层脱落进入中胚层中的少数分布稀疏的细胞。栉水母细胞的中胚层中含有肌肉细胞，并且交织成网状。扁形动物开始才有以实质形式出现的真正中胚层。

中胚层的形成有两种不同的方式：

一是端细胞法。无论扁形动物、环节动物或软体动物等原口动物，在螺旋形卵裂的后期，都能从第四个四集体的一个“4d”卵裂球分化出两个原始中胚层细胞，它们对称地排列着。在扁形动物原始中胚层细胞的连续分裂，导致最后成为填充在内外胚层间的实质（parinchyma）。在线形动物的卵裂过程中，由原始中胚层细胞产生两个细胞带，由于细胞不断增殖，细胞带逐渐扩大并且侵入器官之间，但是，以后又逐渐松弛和疏散，一部分形成了结缔组织，另一部分靠近体壁上皮，形成体壁肌肉，并且在体壁和内脏间出现了一个空腔，即初生体腔。在环节动物这两个原始中胚层细胞也进行分裂，产生两条有规则排列的细胞带，这就是中胚层带的开始。以后中胚层带分裂成许多段，分段是和分节相符合，每段细胞的中央产生一对空腔，并继续扩大，形成体腔囊。体腔囊连续向背腹面扩大，最后，在背腹线中央愈合而形成背腹肠系膜，中间的腔即次生腔。四周的壁形成体腔膜、肠壁和体壁的肌肉、结缔组织等。但是，在软体动物体腔却并不继续扩大，也不分节，中胚层带却更多地分散为间质，所以软体动物的体腔不发达，仅在围心腔、生殖腺和排泄器官内还保留一部分。节肢动物的中胚层形成与环节动物具有共同的特征，但是，没有原始中胚层细胞的出现，一开始就是两个细胞团，以后进一步成带状结构并分节形成体腔囊。但是，不久体腔上皮分节，体节也就随着松散为不规则的实质、肌肉组织和结缔组织等，体腔也就消失了，仅生殖腺腔和排泄管腔为体腔的残余部分。

二是肠体腔法。是后口动物体腔中胚层形成的共同特征。毛颚类在原肠胚时期原肠的顶壁在身体前端形成两个平行的皱褶伸入囊胚腔，将腔分为中部（肠原基）和两个侧部

(左右两个体腔囊)，皱褶继续生长，使体腔囊和肠分离。这时前端的肠开始与肠的外壁层部分——口道相连，而在胚胎后端原口封闭处再产生肛门（图 1-20）。

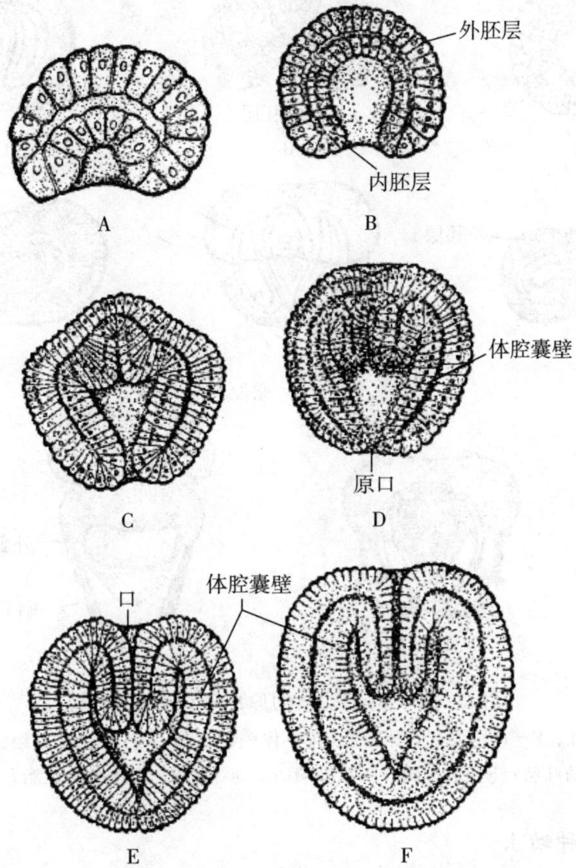

图 1-20 箭虫的原肠和体腔（肠体腔法）的形成

A—内陷法形成原肠胚的初级阶段；B—同上最终阶段；C—两个体腔的形成；
D—肠两侧体腔囊分离（原口正在封闭）；E—后口形成（原口封闭）；F—稍晚发育阶段

腕足动物有较类的原肠胚阶段是以内陷法形成的，已完成的原肠分为三部分：一个中央部和两个侧部后来完全与中央部分离而成为体腔囊。体腔囊又分为三部：头部、外壳部和足部的体腔囊（图 1-21）。

棘皮动物在形成原肠胚的同时，靠近原肠顶端的两侧，形成两个侧囊，最后与原肠分离形成体腔囊。随着胚胎的延长，左右两体腔囊各自分裂为前、中、后三个体腔囊。应该指出，如果与左侧比较起来，右侧体腔囊是发育不全的。左右一对后体腔囊将愈合而成围脏腔，围血系是由左侧的后体腔囊的一部分分裂而形成的。左侧的中体腔囊演变而成水管系。轴窦是左侧前体腔囊的产物，它向前伸出形成细管，以水孔与外界相通。所以，石管和轴窦的沟道是由于左侧的前、中体腔囊在胚胎时就相连所致。右侧的前中两体腔囊在发育过程中退化而消失。棘皮动物发育中体腔的变化，说明其原始类型的体型是两侧对称的。现代棘皮动物的辐射对称体制，是由于胚胎时右侧退化，左侧特别发达的结果。

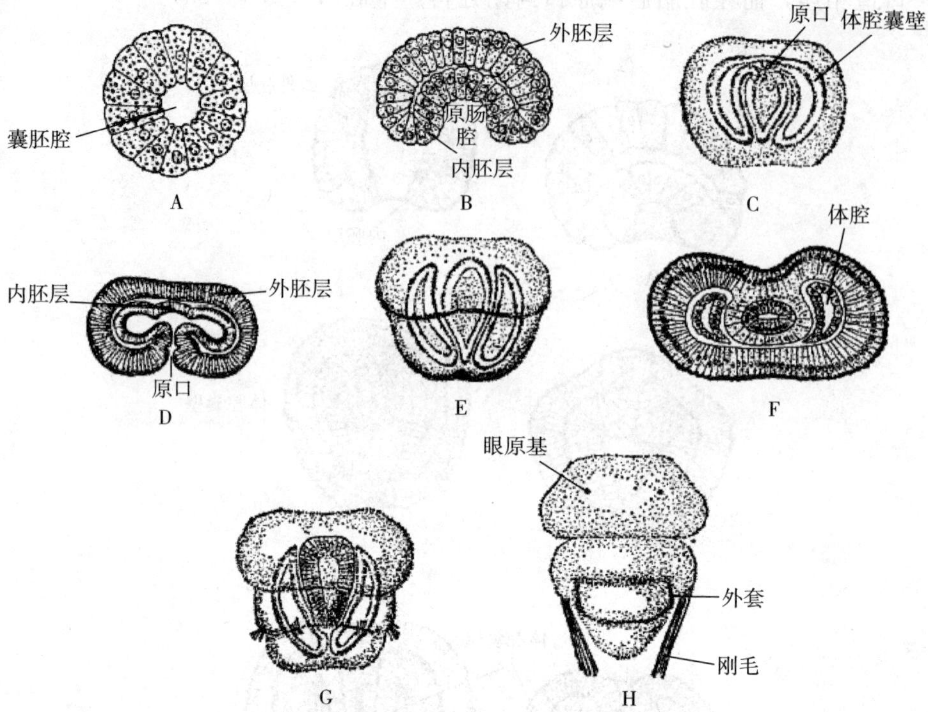

图 1－21　腕足动物的原肠和体腔的形成

A—腔囊胚；B—内陷发形成原肠胚；C—体腔囊形成；D—同上胚胎经原口横切；
E—缢裂为两部分的胚胎；F—通过同一胚胎横端的横切；G—三个体节的胚胎；H—形成中的幼虫

6. 个体发育和各种幼虫

动物体的个体发育包括胚胎发育和胚后发育两个时期。胚胎发育是指由受精时起或开始孤雌生殖起，到幼体形态形成为止。胚后发育是指幼体形成后的整个生长发育过程。在有性生殖个体中，这一发育时期是达到有机体的性成熟状态；在无性生殖个体中，则达到个体发生生殖过程的发育阶段。

胚胎发育时期的卵生种类，有些动物又可分为两个时期：有机体在卵膜内进行发育时期和在卵膜外进行发育时期。

从胚胎发育过渡到胚后发育，无论对有机体发育条件或有机体本身的变化，都是巨大的飞跃。在多细胞动物中一般可分为直接发育和间接发育两类：前者是刚出生的幼体基本上已经显示成体动物的结构，以后的发育主要是生长以及生殖器官的形成，动物从没有生殖能力过渡到性成熟阶段。间接发育的动物则在孵出时与成体动物的结构往往还有很大距离。这个自由生活的发育阶段称为“幼虫期”。通过幼虫的发育和变态，然后，进入成体阶段。

自由幼虫都能自由生活，且能独立营养，并对生存条件有特殊的适应性。最原始的幼虫可以认为是囊胚状幼虫。这类幼虫的特征是球形的身体，体内有空腔，体壁由被有纤毛的单层细胞构成。在许多多细胞动物的个体发育中，还保留了这种原始的幼虫形态。海绵动物、腔肠动物、自由生活的扁虫、纽虫和棘皮动物等，在囊胚状幼虫阶段就离开了胚膜。但是，在现代多细胞动物中，没有任何一类动物的个体发育是以囊胚状幼虫阶段告终的。海绵动物在这一阶段是两囊幼虫，腔肠动物是实囊幼虫和浮浪幼虫，其他低等原口动物以囊胚状幼虫通过一系列过渡阶段而变为另一类型的幼虫，如扁形动物的牟勒氏幼虫、纽形动物的帽状幼虫、环节动物和软体动物的担轮幼虫以及节肢动物的无节幼虫、棘皮动物的对称幼虫等。

这些浮浪幼虫的特征是对漂浮的适应，这种适应可能是身体呈伞形（腕足类幼虫、苔藓动物的幼虫、纽虫的帽状幼虫），也可能是长刚毛状或呈叶状（多肠目涡虫的牟勒氏幼虫）。许多浮浪幼虫的感觉器官很发达，它们往往是由长纤毛束和神经节构成的顶器，环节动物和海鞘的幼虫有眼点。许多幼虫具有纤毛带、纤毛轮或其他特殊的运动器官，这些器官同时也担当漂浮的作用（担轮幼虫、腕足类幼虫、帽状幼虫）（图 1－22）。大多数幼虫都有发达的肠和各种不同的摄食器官，几乎所有的浮浪幼虫都以单细胞藻类，特别是硅藻为食料。

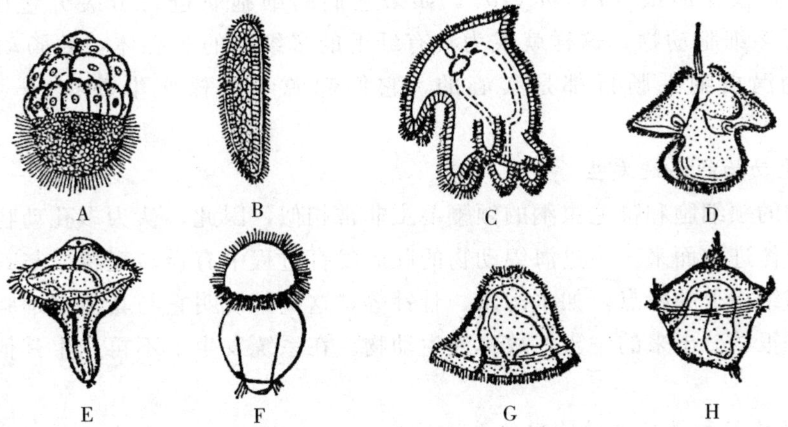

图 1－22 无脊椎动物的主要幼虫

A—两囊幼虫；B—浮浪幼虫；C—牟勒氏幼虫；D—帽状幼虫；
E—环节动物的担轮幼虫；F—腕足幼虫；G—苔藓幼虫；H—软体动物的担轮幼虫

（三）无脊椎动物的系统演化

动物进化的直接证据，目前，只能以化石为依据。但是，无脊椎动物的化石不能说明各类动物的演化关系，因此，许多无脊椎动物早在古生代以前即已出现。它们身体柔软，如水母和环节动物都不可能形成化石。从古生代开始，已有许多动物的坚硬部分形成化石，如软体动物腹足类的外壳、腕足类的外壳、三叶虫和古代棘皮动物等。另外，原生动物有孔虫的外壳、双壳类软体动物、海绵的骨针和珊瑚的骨骼，都是在很早期的古生代岩石中找到的。因此，推测主要门一定起源于古生代以前，可是在这以前很少有化石的证据，所以，只得从现代动物来推测各门动物的起源问题。

1. 原生动物门的系统演化

多细胞动物起源于单细胞动物。因此，认为原生动物是最早出现的一个类群。在现代原生动物肉足鞭毛虫亚门（Sarcomastigophora）中的植鞭纲（老的分类法称为鞭毛纲）是最原始的一类，因为它兼有动物和植物的特征。从生命的起源看，最早的单细胞可能是从周围环境中获取溶解于水中的有机物质，它们的营养方式，应该是类似现代无色鞭毛虫的营养方式。纤毛亚门（Ciliophora）的结构复杂，有大核小核之分，并有接合的有性生殖，一般认为是原生动物中最高级的一类。孢子亚门和丝孢子亚门都是寄生种类，不可能是其他多细胞动物的祖先。

2. 多细胞动物的起源

多细胞动物起源于单细胞动物，这一点已为生物学家所公认。但是，从单细胞动物进化到多细胞动物通过什么方式，生物学家们的意见尚不完全一致，归纳起来有两派学说，一派认为多细胞起源于单细胞动物鞭毛虫的群体，原始群体鞭毛虫如 32 个细胞的空球藻和 20 000 个细胞的团藻，虽然，它们仍是单细胞生物，但是，细胞间彼此有紧密的联系，并有初步的分工，它们都认为是单细胞动物进化到多细胞动物的过渡类型，只要群体进一步分化，就成为简单的多细胞动物了。

另一派学说认为，多细胞动物起源于非群体的多核原生动物，如蛋白虫（蛙片虫，*Opalinid*）和多核变形虫（*Pelomyxa*）。如果它们的细胞质进行分裂并包围每一个核，结果就形成了多细胞动物，这样就成为具有纤毛的多细胞的实心体，腔肠动物的浮浪幼虫和扁形动物涡虫纲无肠目都是实心的，它们起源于多核原生动物——浮浪幼虫式祖先。

3. 多细胞动物的系统发生

海绵动物的领细胞和鞭毛虫纲的领鞭毛虫非常相似，因此，认为多孔动物是由鞭毛纲领鞭毛虫的群体进化而来。不过海绵动物的胚胎发育过程中有逆转现象，与其他动物都不同，加上形态结构上的特点，如水沟系、骨针等，这些都说明它与其他多细胞动物没有直接的联系，是很早分出来的一支，故称侧生动物。在系统发生上不再产生其他类群，故又是绝支。

4. 腔肠动物门和栉水母动物门的系统发生

腔肠动物是简单的多细胞动物，一般认为它起源于与浮浪幼虫相似的祖先（即梅契尼可夫的实球虫学说）。这种浮浪幼虫进行成具有纤毛和刺细胞的辐状幼虫（Actinula），后来发展为固着型的水螅型或漂浮的水母型。钵水母纲是向漂浮生活发展的，而水螅纲和珊瑚纲是向固着生活发展的。

栉水母动物门是一个特殊的群，它们与腔肠动物比较接近，但是，较腔肠动物略为高等。然而，与高等动物没有直接关系，故在进化上是一盲支。

5. 原口动物和后口动物

腔肠动物辐射对称的体壁，只能适于水中附着式漂浮的生活方式，由于动物界的进一步发展，由浮游生活过渡到爬行或迅速游泳的生活方式，体形也从辐射对称逐渐转变为两侧对称。

原始的两侧对称动物是假想的原始无肠目涡虫式的祖先。它一支为原口动物，即动物在胚胎时期的原口发展为动物成体的口，而在相对的一端形成肛门，如蠕虫、软体动物和节肢动物都属此类。另一支为后口动物，它们在胚胎发育时，原口封闭或为肛门，而在相对的一端发生口，如棘皮动物、毛颚动物及脊索动物都属此类。外肛动物、腕足动物是介于原口和后口动物之间的中间类群。

6. 扁形动物门和纽形动物门的系统发生

扁形动物是三胚层动物，比腔肠动物高等，但是，它们仍保留一些腔肠动物的特征，如有口、无肛门、无体腔、主要营细胞内消化。涡虫纲中以无肠目最原始，很像浮浪幼虫，也有人以为直肠目最原始，因此，认为涡虫纲是起源于类似浮浪幼虫式祖先。在这一纲中，当然以自由生活的涡虫纲为最原始，吸虫纲和绦虫纲是从古代的涡虫纲动物，特别是从直肠目进化而来，因为它们的神经系统、排泄器官及肠的结构等与直肠目相似，不过吸虫纲适应寄生生活，体表纤毛消失，感官退化，生殖系统发达。一般认为绦虫纲由于对寄生生活的更高度的适应，消化系统完全消失，生殖系统更加发达，而且身体分成许多节片，无自由生活的幼虫期等。纽形动物在结构上有许多地方和涡虫纲相似（体表有纤毛、皮肌囊、原肾管、帽状幼虫），但是，它又有更高等的特征（闭管式循环，消化道具肛门，肠侧囊、生殖腺和背腹肌有按节排列的倾向），故在系统演化上接近环节动物。

7. 假体腔动物的系统发生

这类动物体内具体腔，身体覆盖一角质层，无纤毛，前段有口，后端有肛门。主要包括线虫动物门、轮虫动物门、腹毛动物门、内肛动物门、线形动物门和棘头动物门、动吻动物门等，它们的亲缘关系非常模糊。这类动物可能是从主干上分出来的一侧枝，介于无体腔和体腔动物之间的一个大类群，除线形动物数量较多外，其他各门种类都很少。

8. 环节动物门和须腕动物门的系统发生

三胚层有体腔动物，起源于无体腔动物，如扁形动物已无可争论，因此，一般认为环节动物起源于涡虫纲，因为涡虫纲中某些种类的内部器官（肠侧枝、生殖腺、神经系统等）有原始分节现象，这可能是体节出现的先声。担轮幼虫的有管细胞和扁形动物的原肾管，在本质上是相同的。由此说明，后肾是原肾演化而来的，此外，担轮幼虫和牟勒氏幼虫在形态上相似，这些都是环节动物起源于涡虫纲的证据。

过去认为须腕动物门属于后口动物，1963 年人们发现，它的后体部分节并且有刚毛、角质膜和感光细胞的结构，以裂腔法形成体腔囊等方面都类似环节动物，因此，现在认为它于环节动物比较接近。但是，有人认为，它是原口动物和后口动物的中间类型。

9. 软体动物门的系统发生

环节动物与软体动物的成体在外形上区别很大，很少有共同之点，例如环节动物有广阔的体腔，闭锁式循环，心脏尚未器官化，而软体动物的体腔缩小，开放式循环系统和心脏已成为完善的器官。同时，具有贝壳和腹足，但是，从软体动物的早期发生来看，它和环节动物都有螺旋形卵裂，它们的原肠形成也相类似，都有担轮幼虫。到胚胎后期，它们的区别就很大，至成体除排泄器官较近似之外，其余结构差别很大。1952 年在太平洋中采到的单板纲的加拉提亚新蝶贝（*Neopilina galatheae*），为完全两侧对称的体制，有广阔的体腔以及明显的分节现象，这说明两者来自共同的远祖，而在长期的历史演化过程中，分道扬镳，即环节动物向活动方式的道路上发展，而软体动物向适应于较不活动的方向发展。头足纲的活泼运动方式是后来才获得的。

我们拿贝类中 7 个纲加以比较，单板纲、无板纲和多板纲与原始贝类最接近。在多板纲的壳板、肌肉、血管和神经，都有分节现象，而单板纲的神经、肌肉和血管的分步现象，比多板纲更明显。无板纲体呈蠕虫状，无贝壳，因此，我们认为这三纲是贝类中最原始的类群。

10. 节肢动物门的系统发生

节肢动物门起源于多毛纲的环节动物，如身体分节，链状神经系统和同源的排泄器官。但是，关于节肢动物的祖先是一元论还是多元论尚有争论。以前学者认为，它们起源于共同的祖先，按照两个不同的演化路线（水生和陆生）发展，现在则偏重于多元论。因此，分为四个亚门：三叶虫亚门表示出最原始的特征，该亚门只有一纲，即三叶虫纲，除触角外其余各体节均有二叉型附肢。三叶虫始终未离开海洋，在寒武纪化石异常丰富，至二叠纪即绝灭；螯肢亚门的肢口纲和蛛形纲的第一、二两节均不具附肢，第三体节的附肢成为螯肢。这两纲从头部附肢的相同情况和书鳃、书肺的同僚等事实来看，都是比较接近的。另外，鲎的幼虫极似三叶虫的幼虫，这也说明三叶虫纲的肢口纲的亲缘关系；甲壳亚门仅有一纲及甲壳纲，过去认为它有大颚，可能与多足纲、昆虫纲有共同的起源，现在则倾向于单独的起源，因为甲壳纲具两对触角，以及其他各亚门所没有的无节幼虫，化石种类较少，但是，在寒武纪已存在；单肢亚门的唇足纲、倍足纲、少足纲、综合纲等，体呈蠕虫形，体节多，第二对体节具触角，第三体节不具附肢，第四体节具大颚等特点。综合纲具有基突和伸缩囊，与昆虫纲中的无翅亚纲很相似，因此，人们认为昆虫纲是原始的综合纲演化而来的。

11. 外肛动物门、腕足动物门和帚虫动物门的系统发生

外肛动物、腕足动物和帚虫动物它们都有共同的特征，如它们具有触手冠、次生体腔和附着的生活方式，在发育过程中具有二对体腔，因此，又称它们为具触手冠动物，但是，从腕足动物的胚胎发育来看，次生体腔是由肠体腔法形成的，故与后口动物相接近。这三纲动物在结构上非常接近，故一般认为，这三个门动物是从原口动物和后口动物之间的遥远祖先进化而来的。

12. 毛颚动物门、棘皮动物门和半索动物门的系统发生

毛颚动物门是后口动物早期分出来的一支，是古老的类群，其体腔前后分隔成三部分，并在发育过程中具有三对体腔。棘皮动物是最古老的一支，它的特点是辐射对称，但是，幼虫是两侧对称的，所以，这是次生现象，幼虫也具有三对体腔。最原始的纲是已绝迹的海林檎纲，它以短柄固着于海底，多少还保留两侧对称的体制，在现各纲中以海百合纲最为古老，它们还停留于对称的固着生活阶段。现存的种类中，海星纲最原始，蛇尾纲和海胆纲的关系表现为幼虫的相似。海胆纲中的某些种类，如心形海胆，已有过渡到两侧对称的趋向。海参纲的幼虫——短腕幼虫与原索动物的幼虫——柱头幼虫很相似，这使我们认为棘皮动物和脊索动物是有联系的。

半索动物门一方面与棘皮动物相似，如它们的早期胚胎发育——原肠胚的形成和体腔很相似；半索动物的柱头幼虫和海星纲的羽腕幼虫以及两类动物的皮下神经丛也很相似；另一方面半索动物又与脊索动物相像，如具有雏形的脊索，领区中室的背神经管，U形鳃裂等。所以，一般认为它是介于脊索动物和无脊索动物的中间种类。现将无脊椎动物主要门的亲缘关系用图的方式解析如下（图1-23）。

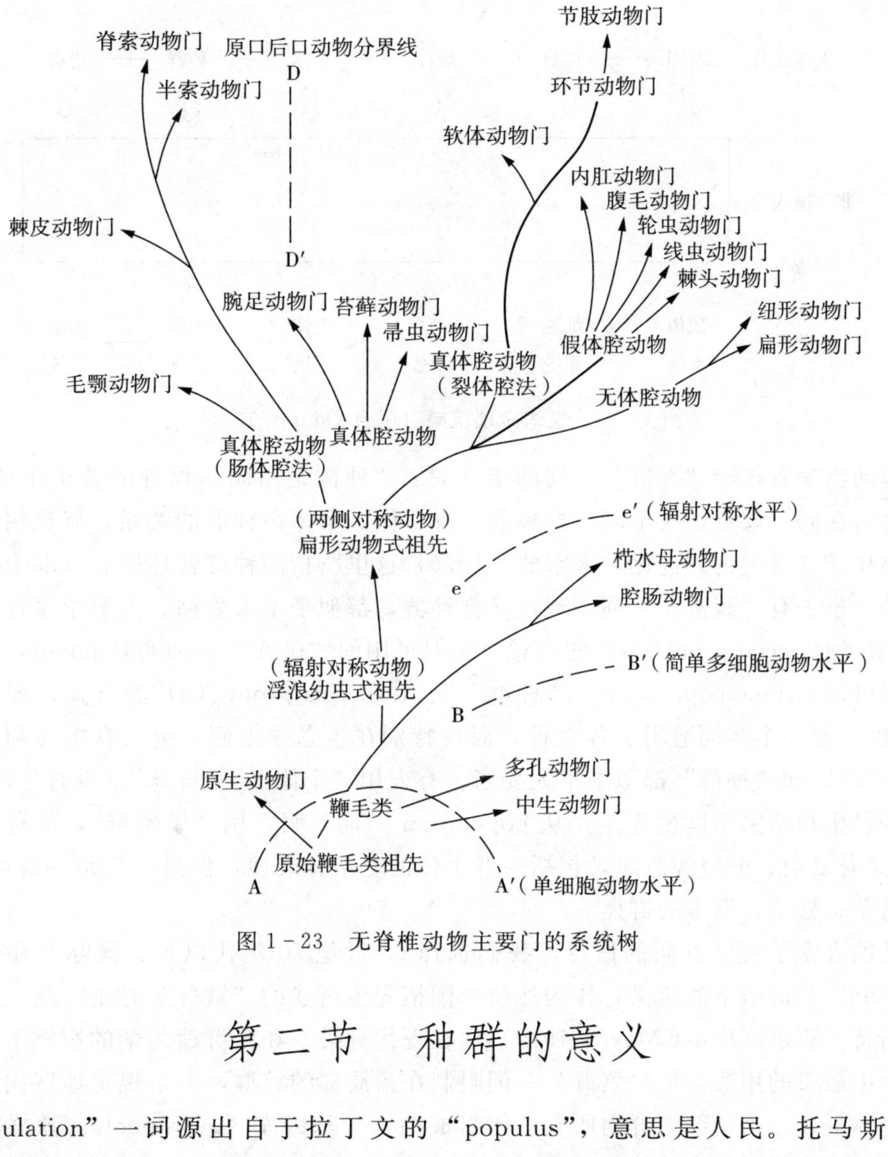

图 1－23　无脊椎动物主要门的系统树

第二节　种群的意义

“Population”一词源出自于拉丁文的“populus”，意思是人民。托马斯·帕克（Thomas Park，1949）在《动物生态学原理》（*Principles of Animal Ecology*）一书中列出了四个定义：一是一个国家，一部分，或一区域中全部的居民（社会学）；二是集体居住在一个区域内的生物（生物学）；三是一群局限在时间和空间内的生物个体（生物学）；四是全部的生物，从其中抽出一些来测量（统计学）。

自从尤金·奥德姆（Eugene P. Odum），在 20 世纪 50 年代提出生物组织阶层或层次（level），在普通的习惯用法上，可以指程度，如文化水平；标准，如生活水平；层次，如分子水平，等等。但是，在生态学上不够严密，如原子阶层，分子阶层……以至宇宙阶层，都称为原子水平，如为分子水平、地球水平、宇宙水平就有些不妥当了（Odum，1953），生物学者对每一个阶层都有了明确的概念。生物组织阶层事实上，包括不同的生命系统，从基因、细胞、器官、个体、种群以至集群，都是生命成分加无生命成分，其中，无非是物质和能量交互作用，而成为遗传系统、细胞系统、种群系统和生态系统（图

1－24)。

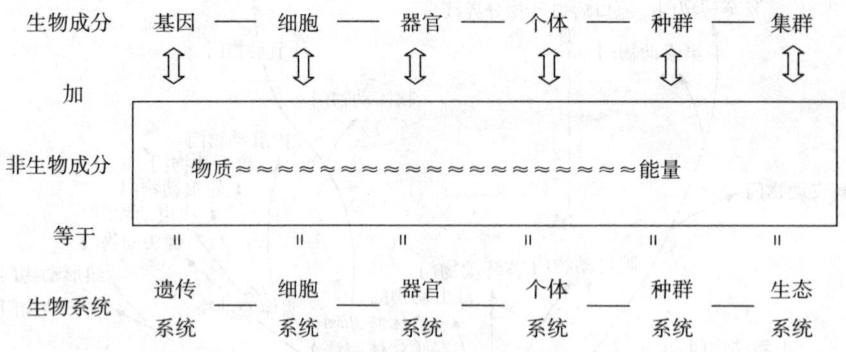

图 1－24　组织阶层范畴（引自 Odum，1971）

我国动物学者在给“种群”一词的定义是：“种群是由同一物种的若干个体组成的，种群是生活在同一地点，属于同一物种的一群个体。个体跟种群的关系，好比树木跟森林的关系那样。”（《生物的进化》方宗熙，1975）这里所指的种群就是指 population。

但是，过去有“族群”一词，现在又称种群，都似乎不太妥帖。人类学家芮逸夫指出“族群”似乎是 racial group（s）的含意。一般可用的“民族”一词实是 population，多民族的国家可以是 metapopulation。“种群”又有 species group（s）的含义，即是“物种群”。所以，要一个名词适用于各物种，而且特别在生态学方面，包括有生命和无生命的群体，“族群”和“种群”都似乎不太妥当。有人用“个体群”“群体”，没有生态的意味。因此，著名生物学家单国桢先生，从 population 一词着眼，用“繁殖群”，简称“繁群”。“繁”字又有复杂、分歧等意思，包括一群个体的复杂分歧性，但是，又是一群可以繁殖、繁衍、繁荣、繁杂、繁多的群体。

为帮助大家了解这方面的信息，我们选择 20 世纪 70 年代以来，国际上几位学者对“population”一词所下的定义，作为注解单国桢先生所述的“繁群”的注解。

恩斯特·迈尔（Ernst Mayr，1970）：“在现代分类学和繁群遗传学的影响下，一个正在生物学中散布的用法，把‘繁群’一词限制在指局部的繁群，一个规定地区内具有可能交配的个体群，一个局部繁群内所有个体组成的一个基因库（gene pool）。这样一个繁群可以定为一群个体，其中，任何两个有相等机会交配而生后代，当然，它们是性成熟的，异性的，而且对性选择是相等的。”

尤金·奥德姆（Eugene P. Odum，1971）：“繁群指一群在同一地区，同一物种的集合体，或者其他能交换遗传讯息的个体集合，具有许多特征，其中，最好用统计函数表示，是集体特有而不是其中个体的特性。这些特征是密度、出生率、死亡率、年龄分布、生物潜能、分布和生长形态。繁群又具有遗传特征，直接有关它的生态，即是适应性、生殖适应性和持续性，如长期遗留后代的可能率。”

登普斯特（J. P. Dempster，1975）：“一个繁群是一群同物种的个体，多少清楚地在时间和空间中和其他同物种的群体分开。……所有物种都是分布不均的，多少形成明显的繁群，被不能生存的地域所分开。动物繁群总是很少形成截然分立的单位，因为个体可以从一个繁群到另一个繁群。假定这其中活动很少，或者可以测定，一个繁群可以当作一个单位，其特征如出生率、死亡率、年龄分布、遗传物质、密度和分布等式可以确定的。”

威尔逊（E. O. Wilson，1975）：“繁群：一群生物属于同一物种，在同一时间和居住在同一局限的地区。这个单位是最基本的，但是，最不精密地用演化生物学中——是有遗传持续性的。在有性生殖的生物中，繁群是一群地理上局限的个体，在自然情况下，能彼此自由交配、繁殖。”

埃姆尔（T. C. Emmel，1976）：“一个繁群是由一群遗传相似，而居住在一定时间和空间结构的个体所组成的。”

里克莱夫斯（R. E. Ricklefs，1979）：“生态学者很松弛地使用繁群一词，在实用上指同一物种中个体的集合体。槛笼的墙和水族箱局限了供实验的繁群。研究区域的边缘方便地限制了自然界的繁群。”

索思沃思和赫希（D. Southworth and T. M. Hursh，1979）：“繁群：一群同物种的生物个体生活得够接近而形成一个杂交繁殖的单位。”

此后的几十年中，有许多专家学者对繁群一词做过许多注解，在此不再多叙。为了便于我国读者习惯性的理解，这里我们把繁群理解为种群。

从一般生物学的观点来看，这里的繁群就是我们通常所说的种群，为了便于大家学习本书，我们把繁群理解为种群。确切地说，种群是一个组织阶层，由一群的物种的个体，在一定时间和空间中生活和繁殖。正如其他生物组织阶层一样，种群也具备了生长、代谢、激感和生殖的大特性。种群的研究过去都属于生态学的范围。近年来，特别由于统计学、行为学、遗传学、演化学和人类学的进展，种群生态学，即我们常说的种群生物学，已渐渐成为一个独立学科，但是，这和生态学的关系最密切，故本书仍称《动物种群生态学》。

从动物生态学的观点来看，种群是一个小生境单位（niche unit），对研究群集生态和物种间的关系，如物种的互利（mutualism）、共栖（共生）（commensalism）、寄生（parasitism）、剥削（exploitation）、捕食（predation）、能量转化（energy transfermation）和物质循环（material circulation）等有很大的价值。

从动物行为学的观点来看，种群是一个社会单位（social unit），对研究群内个体和集体的行为，如支配级序（hierarchy of dominance）、领土范围（domain of territory）、种内竞争和互助（intraspecific competition and cooperation）等非常重要。

从动物演化学的观点来看，种群是一个演化单位（evolutionary unit），是一个基因库，对研究基因频率（gene frequency）、演化机制和进程（evolutionary mechanisms and processes）等及物种形成（speciation）等有很大关系。

第三节 生态系统的宇宙观

“生态系统”（ecosystem），这个名词是“生态”和“系统”两个名词的复合词。因此，要了解生态系统，必须先知道生态和系统各自的意义。

生态一词是由希腊文 oikos 翻译过来的，本来的意思是房屋、居所、家庭，由此演绎为家务。研究生态的学科叫生态学，英文是 ecology。这个词源自德国生物学家恩斯特·

黑克尔（Ernst Haeckel，1869）提出的德文 oekologie。他指出："生态学是指自然界的经济学。"因为经济学讲商品的生产和分配问题，自然经济学应该是讲物质循环和能量转移的复杂现象。因为自然界的物质循环和能量转移关系，到无机物和有机物的相互作用，这门科学就是要讲到环境和生物的关系。所以，有许多学者，就把生态学叫作环境生物学（environmental biology）。又因为生产和分配牵涉产量和分布，有些社会学者就把 human ecology 译为人文区位学。

生态学这一词的中文名词，原是日本学者三好学翻译的，沿用至今，几乎和 oekologie 一样长久。在 20 世纪 70 年代初期，因为许多人注意到环境污染问题，生态学一下子成了热门。这个名词的汉译受到了不少的批评与疑问，主要是这个"态"字。他们把态字狭义地指形态。其实，状态、姿态，可指物质循环；态势、态度，可指能量转移；且又有多种解释，当然，这些都是可以的。

现代生态学的范围从环境和生物的关系扩大到内外环境，个体和群体的交互影响，物质循环和能量转移，以及短期的演替（succession）和长期的演化（evolution）等，当然，不是两个字的名词可以包括得了的，但许多生物学者仍然采用"生态学"这一传统名称。

系统是一个单位，是一个有组织、有结构，由许多组成部分交互影响和综合而成的一个整体单位，也就是一个机构或机体。生物学家拉蒙·马格莱夫（Ramon Margalef，1968），明确指出：每一个系统是一套不同的成分或是部分组合成的。每一部分能在不同情况下存在，因而任何一部分能影响其他部分的情况。也就是说，这些组成部分形成了相互影响的一个反馈线圈调节器（feed-back circuit）。这个线圈可以是消极的，或者是稳定的，有如恒温的调节器，或者血糖稳定机制；也可以是积极的，或者是突破的，如传染病的蔓延。因此，系统单元不仅有结构组织形体的实质存在，而且还有平衡稳定的和反馈线圈活动的生理现象。这个生理现象是一切的物理作用和化学反应。

生态系统（ecosystem），这个名词是 1935 年坦斯利（A. G. Tansley）提出的，他在一篇讨论《植物概念与名词的应用和滥用》的文章中指出："比较基本的概念是整个系统（具有物理的意味），包括不仅是生物，而且一切的物理因子，即环境。我们不能把生物和它们的环境分开，而应该把它们当作一个物理系统。就是这样形成的系统构成地球上自然的基本单位。这些生态系统，我们这样称呼它们，是有各种形式和大小的。"

生态系统又可以叫作"生态学的系统"（ecological system），或简称"生态学"。这是一个交互作用、相互依存的复杂单位，也是研究生物和它们与环境关系的着力点。近年来，许多生态学者干脆就把生态学叫作生态系统的生物学。这种说法是有一定根据的，自 20 世纪 50 年代初期，E. P·奥德姆和 H. T·奥德姆兄弟介绍了"组织阶层范畴"（the levels of organization spectrum）以后，生态系统的概念和应用就进入了一个新的境界，也替生态学开了一个新的里程。这个组织阶层范畴前面我们已做了一些介绍。

奥德姆在他们的《生态学基础》（第三版，1971）中，给生态系统做了如下的定义："生物和它们无生命的环境是一不可分地相关的和相互依存的。任何单位，包括一个区域内所有的生物（群集）和其中物理环境相互作用，因而能量转移造成明显的营养结构、生物分歧和物质循环（在有生命和无生命成分中的物质交换）就是一个生态学的系统或生态系统。

“从功能观点来说，生态学可以分六个方向来分析：一是能量线路；二是食物链；三是在时间和空间中的种群变异型式；四是养料（通常是指生物地质化的）循环；五是发展和演化；六是控制学（cybernetics）……

“生态系统是生态学中基本的功能单位，因为它包括了生物（群集）和无生物的环境。每一部分影响另一部分，二者都对现今我们所在地球上生命的维持是必要的。”

生态系统的概念着重生物和环境相互的关系，并不自坦斯利开始。19世纪在一些典籍资料中记载的和ecosystem相似的名词就有了biocoenosis（生物群落）（Karl Mobius，1877）和microcosm（上宇宙）（S. A. Frobes，1887）。20世纪有holocen（群落社会）（K. Friderichs，1930）、biosystem（生态系统）（A. Thienemann，1939）和geobiocoensis（地址生物群落）（V. N. Sukachev，1944；Odum，1971）等。因为eco意为环境，system意为系统，简洁明显，所以，很多生态学者现在已普遍采用了。但是，一般也只应用在“群集单位系统”为止。这可用奥德姆的书作为代表，即是生命成分加无生命成分等于生命系统，而其中包含物质和能量。

如果生命现象不过是一连串的理化现象中的一些特殊现象，那么，生命成分和无生命成分都是物质和能量交互作用的产物。一切组织阶层单位都不过是物质和能量经过巧妙组合结构而成的系统。在理论上，正如奥德姆在他们的附注中指出的，组织阶层范畴是可以向两端无限延伸的，向小的方向可以有分子系统、原子系统和粒子系统等；向大的方向可以有地球系统、太阳系统、银河系统和宇宙系统等。

在此，我们不妨给生态系统下一个更广泛的定义：“生态系统是一个概念单位，它是由物质和能量适当组合而成的，包括了一定的成分，具有一定的组织结构，有实质性的存在于一定的空间，而在一定的时间内进行着一定的活动。”事实上，这个定义可以应用在任何一个组织阶层系统上，来研究分析它们的结构和活动，或者把它们串联起来，得到一些生命意义的线索。

第二章 种群的数量调查

第一节 绝对数量和相对数量的调查

野生动物的种群数量（size）是其中构成个体的数量，通常指即时数量（instantaneous quantity）。因为生命体是动态的，种群内的组成个体数量是因时间进程而继续在变化的。这个即时数量即是观测当时的数量，也可以说是当时的静态数量，有绝对数量和相对数量两种。

一、绝对数量（absolute size）

在自然界，当野生动物种群生活在较小的空间和区域时，直接计数全部个体是可能的，如冻原（tundra）（通常指极圈内的平原地带）的驯鹿（*Rangifer tarandus*）和北极熊（*Thalassarctos maritimus*），草原（grassland）的野牦牛（*Bos grunniens*）、斑马（*Equus zebra*）和角马（*Connochaetes*），南极的企鹅（*Pygoscelis antarctica*）和黑背鸥（*Larus dominicanus*），以及丹顶鹤（*Grus japonensis*）、大鸨（*Otis tarda*），甚至，生活在灌木林中的野象（*Elephas maximus*）（图 2－1）等。这些大动物都可以用空中照相观测或摄像等方法直接计数。

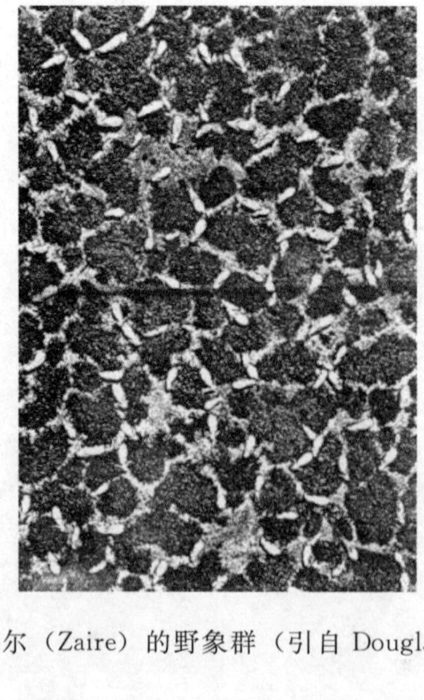

图 2－1 非洲扎伊尔（Zaire）的野象群（引自 Douglas-Hamilton，1980）

二、相对数量（relative size）

事实上，野生动物的大多数种群是不能直接计数的，只能抽出一部分样品（sample）来作为代表性的相对数量指标（index of relative abundance），用相对密度表示，如单位面积或体积内的个体数量，故又称“种群密度”（population density）。在现实中，采用抽样估计的方式很普遍，按种群的种属而异，可有不同的估计方法。

第二节　种群数量估计法

一、沿线计数法（strip census）

也称样线法。假定某一个种群个体的分布是随机散布的（randomly scattered），在一个大区域内，如鸟类（Aves）或哺乳类（Mammalia）成为小的家族团体，而又分布在隐蔽的地方，调查人可以把该区划出一定的路线，沿线计算动物个体数，然后，按区域比例推算全区种群的数量。这个方法的误差可能很大，采用这种方法推算野生动物种群数量，通常是一种万不得已的方法。

二、方格计数法（quadrats）

一般是把全区分成许多小方格，然后，在许多随机方格中计算个体数目。此法，通常用于在活动力比较弱的动物种群，如爬行类（Reptilia）和小的哺乳类或固定的树木等（图 2－2）。如果个体分布是不随机的时候，这种方法也许会得到不正确的估计，但是，不难判断，如果个体分布是随机的，每一方格的数目应该是差不多的，这样就可以用平均数来计算。可按照式（2－1）进行。

$$\bar{x}=\frac{\sum_{i=1}^{n}x_i}{n} \tag{2-1}$$

式中　$\bar{x}$—— 平均数或称算术均数；

x_i——i 样品内的个体数；

n—— 样品数，即方格数。

图 2－2 中一共是 30 个相等大小的方格，由四个角落和中央两个方格中一共有 13 株树木，可以估计全区内的树木总数为$\frac{13}{6}\times 30=65$(株)。

如果$\frac{\sum_{i=1}^{n}(x_i-\bar{x})^2}{(n-1)\bar{x}}$等于 1，或近于 1，则种群内个体的分布就是随机的；如果数大于 1，则是成群的(clumped)，也就是不随机分布的。

$\frac{\sum_{i=1}^{n}(x_i-\bar{x})^2}{(n-1)\bar{x}}$ 是变异度（variance），如果等于平均数 $\bar{x}$，种群的样品就符合泊松随机分布（Poisson distribution of randomness），也就是多样品种的数量都接近平均数。

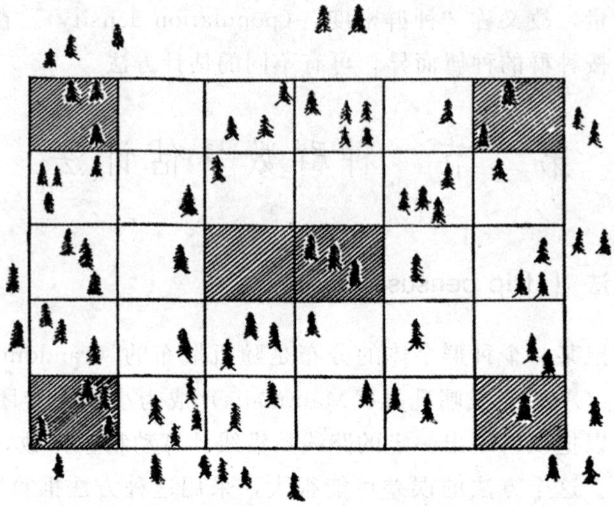

图 2－2　方格计算法示意图（引自 Herreid，1977）

三、单位勉力捕获法（capture per unit effort）

动物种群的生长就有明显的季节性。如果在一年某季，某种群达到了稳定状态，即成体动物不再生殖，其他环境因子也恒定不变。调查人员可以给捕获的个体做上记号，每天如此，将新捕获的和已做过记号的分别做成比例。这样过一段时间，新捕获的个体就会越来越少，直到接近于零。记录当中全部捕获过的个体数，即是种群的数量。真正做估计的时候，并不需要如此，因为每次捕获的个体数如称之为“单位勉力捕获”，即内中没有记号的新个体，作为全部捕获个体数的百分比数和全部累计捕获数成反比。只要几次具有代表性的抽样捕获，就不难估计出种群的相对数量了（图 2－3）。

四、擒纵估计法（capture-mark-recapture）

对活动强的动物，用各种方法捕捉后做上记号，再放回去，过了一段短时期再进行捕捉，其中，有已经做过记号的和没有记号的。假定：

（1）凡是被做上记号的动物，必须不影响该动物的行为，也不会造成动物伤害而致死亡。

（2）凡是有记号的动物和没有记号的动物在种群内随机分布。

（3）动物种群是稳定的，没有因动物的繁殖和迁入而引起种群数量变动，也没有因死亡和迁出等方面的损失。

种群的数量（P）和已做记号的动物（M）的比例，应该等于再捕获的（N）和其中

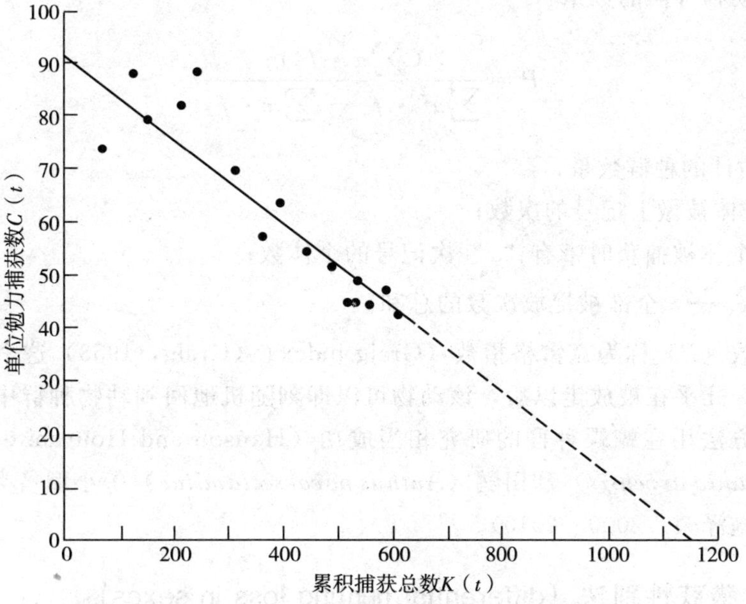

图 2-3 单位勉力捕获估计法（引自 Kendeigh，1961）

注：种群个体总数（$K=1170$），是由连续的单位勉力捕获数 $C(t)$ 和历来的累计捕获总数 $K(t)$ 相关点分布的回归直线延长线和累计捕获总数轴的交点而决定的（引自 Kendeigh，1961）。

有记号的（R）的比例，即：

$$\frac{P}{M}=\frac{N}{R}\text{或}P=\frac{MN}{R}$$

式中 P——估计的种群度量；

M——做过记号的个体数；

N——再捕获的总个体数；

R——再捕获中有记号的个体数。

这个估计数“P”称为林肯指数（Lincoln index）（Lincoln，1930）。通常再捕获中，有记号的个体数（R）越大，林肯指数（P）越可靠。一般规定 R 应大于 20，如 R 小于 20，就要用贝利校正（Bailey's correction）（Bailey，1952），即 N 和 R 都加 1。这样林肯指数就变成式（2-2）：

$$P=\frac{M(N+1)}{R+1} \tag{2-2}$$

其结果将使估计的种群数量（P）稍微减低，使之不至于有过高的估计。

五、擒纵频度估计法（recapture frequency）

如果动物的活动范围，在一定的区域内，个体捕获是随机的，被做上记号后再放回去，再被捕获后再做记号再放回去。这样若干次后，有记号的动物可以成为一个序列的 f_1，f_2，…，f_x，即被做上 1 次、2 次，以至于 x 次记号。这样擒纵的频率度式（2-3）

可以作为估计动物种群的数量：

$$P=\frac{(\sum x \cdot f_x)^2}{\sum x^2 \cdot f_x - \sum x \cdot f_x} \tag{2-3}$$

式中　P——估计的种群数量；

x——个体被做上记号的次数；

f_x——个体被捕获时带有“x”次记号的个体数；

$\sum x \cdot f_x$—— 全部被捉放次数的总和。

这个估计数（P）称为克雷格指数（Graig index）（Graig，1953）这个方法适用于活动力强的动物，几乎在被放走以后，该动物可以即刻随机地回到动物种群中，而再被随机地捕获。这种方法用在蝴蝶种群的研究相当成功（Hanson and Houvanite，1968），并且用在云雀（*Alauda arvensis*）和田鹨（*Anthus novaeseelandiae*）等小型鸟类的研究，效果也十分理想（施泽荣，2009—2010）。

六、分化猎获性别法（differential hunting loss in sexes）

种群中个体性别比例的改变，也可以用来估计它的数量。一般冬季打猎规定只能射击雄性鹿（*cervus nippon*）。在猎捕季节开始时，先测定鹿群的性别比例（M_1 和 F_1），狩猎季节中，核算猎获雄鹿数（K_m）和性别改变比例（M_2 和 F_2）。种群的数量可以用式（2-4）进行估计：

$$P=\frac{K_m \cdot F_2}{M_1 \cdot F_2 - M_2 F_1} \tag{2-4}$$

式中　K_m——猎获的雄体总数；

M_1——猎获季节前雄体的百分比；

F_1——猎获季节前雌体的百分比；

M_2——猎获季节后雄体的百分比；

F_2——猎获季节后雌体的百分比。

这个估计数“P”称为“凯尔克指数”（Kelker's index）（Kelker，1940），可以应用于野生狩猎动物。

第三章　种群的生长

动物种群的生长（growth），通常是指其中个体数量因时间的进展而变动，即是动态的数量（dynamic quantity）。这个动态数量随三个主要因素而定，即出生率（birth rate or natality）、死亡率（Death rate or mortality）和散布（dispersal）。散布通常是周期性的，或称回移式迁移（migration），但是也有一些自然现象，一去而不复返的，称之为移除（emigration）；来后而不再回去的，称之为“移入”（immigration）等。这些现象在自然界中虽然屡见不鲜，但数量上并不如出生和死亡对种群数量有直接的影响，一般多假定移出和移入是平衡的，可省略不计。

第一节　无限的种群生长

动物种群内个体数量随时间而改变，称为“种群数量即时改变率”（instantaneous rate of change of population size），这个改变可以是正数，即增加；也可以是负数，即减少。用式（3-1）表示：

$$\frac{dN}{dt}=B+I-D-E \tag{3-1}$$

式（3-1）的含义是，动物种群内个体数（N）随时间（t）的进程而改变。这个改变是出生个体数（B）和移入个体数（I），与死亡个体数（D）和移出个体数（E）的差数。

前面已经提到个体移动数是平衡的或者是可以省略的，所以，动物种群生长主要取决于出生数和死亡数。于是：

$$\frac{dN}{dt}=B-D \tag{3-2}$$

因为出生（B）和死亡（D）个数是和种群密度（N）成比例的，故有：

$B=b\cdot N$（出生数＝出生率×种群密度）

$D=d\cdot N$（死亡数＝死亡率×种群密度）

所以：

$$\frac{dN}{dt}=(b-d)N \tag{3-3}$$

式中　$b-d=r$，为内在增加率（intrinsic rate of increase）。所以：

$$\frac{dN}{dt}=rN \tag{3-4}$$

内在增加率就是每个个体的即时增加率，也就是个体的平均即时生殖率。因为在不同情况下，它可以是最大内在增加率（maximal intrinsic rate increase）：$r_{max}=b_{max}-d_{min}$（最大出生率－最小死亡率）。也可以是实际内在增加率（actual intrinsic rate of increase）：$r_{max}=b_{act}-d_{act}$（实际出生率－实际死亡率）。

最大内在增加率可以在最适状况下，如实验室或农场中得到，而实际内在增加率即是在自然状况下的结果。二者之差代表环境阻力（environmental resistance）的结果。

以上的公式事实上只表示动物种群，即时增加率和原种群的密度与内在增加率的关系，并不能明显地表示种群的数量，在不同时间的变动。因此，另一个公式显然就比较实际：

$$N_t=N_0 e^{rt} \tag{3-5}$$

式中 N_t——种群在某时间 t 的个体数；

N_0——种群在开始时间的个体数；

e——自然对数的底，约为 2.7183；

r——内在增加率；

t——时间单位。

e^{rt} 是怎样算出来的呢？下面我们可以用银行存款时计算本金和利息的关系做例子：

$$N_t=N_0\left(1+\frac{r}{x}\right)^{xt} \tag{3-6}$$

式中 N_t——某时间后的本利和；

N_0——开始时的本金；

r——利率；

x——结算次数；

t——时间单位。

如果利息是继续核算的，即按复利计算，那么，$x\to\infty$，（x 趋近无限大），$\frac{r}{t}$ 就要用 y 来代替较好，这公式就变成：

$$N_t=N_0\ (1+y)\ \frac{rt}{y}=N_0\left[(1+y)^{\frac{1}{y}}\right]^{rt} \tag{3-7}$$

如果 $x\to\infty$，$y=\frac{r}{x}\to 0$，那么：

$\lim\limits_{y\to 0}(1+y)^{\frac{1}{y}}=e=1+1+\frac{1}{2!}+\frac{1}{3!}+\cdots=2.7183$，所以 $N_t=N_0 e^{rt}$。

e^{rt} 又叫“乘方函数”（exponential function），常代表许多物理和生物现象中的数量。动物种群在无限的环境中的生长，即是乘方生长，或称为“指数生长”（exponential growth）。如用坐标图表示，这个生长曲线就是所谓的“J”形曲线，或“J”字曲线。目前，人口的增加就是这一类型（图 3－1）。

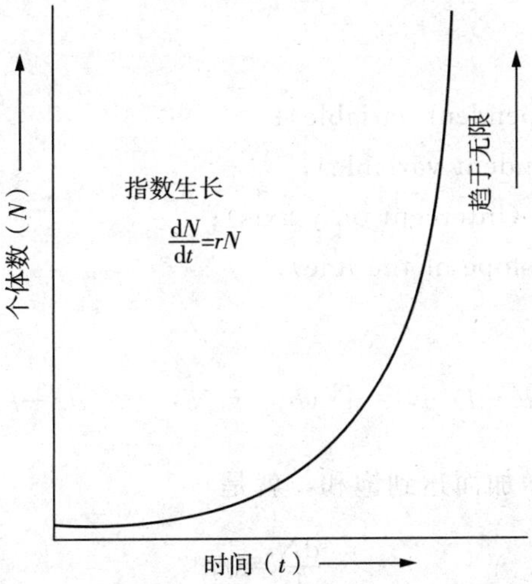

图 3-1　指数生长曲线（引自 Emmel，1976）

应用这个公式 $N_t=N_o e^{rt}$ 很容易算出人口倍增的时间。假定内在增加率已知，即人口增加率 $r=0.02$/年，那么：

$$2=e^{0.02t}，\log_e 2=0.02t，t=\frac{\log_e 2}{0.02}=\frac{0.6931}{0.02}=34.6 \text{ 年}$$

这就是说，如果人口增加率是每年百分之二的话，人口就会每 35 年增加一倍。无限的乘方生长在种群本身有两个决定因素：

（1）出生率和死亡率不因年龄不同而改变。

（2）动物种群中个体年龄分配必须稳定，即不同年龄组之间的比例固定不变。

这在大多数的生物种群中并不多见。因此，无限的动物种群生长，在现实生活中这种现象可以说是很少见的。

第二节　有限的种群生长

在自然界中，动物种群生长事实上是有限的，因为环境是有限的，生物本身也是有限的。所以，无限的生长，即“J”字形的生长是暂时的或短期的，而有限的生长却是必然的。

如果把 $\frac{dN}{dt}=rN$ 再考虑下，则 $r=b-d$ 是变数，而不是常数。当一种动物的群密度增加到一定程度以后，因环境限制，资源短缺，个体间的争斗、竞争等综合因素，使出生率（b）逐渐降低，而死亡率（d）有上升的趋势，于是：

$$b=b_0-k_b N \qquad (3-8)$$

$$d=d_0+k_d N \qquad (3-9)$$

这两个公式是由直线回归公式（straight line regression）

$$y=a+bx \tag{3-10}$$

演化而来的。

式中 x——自变数（independent variable）；

y——因变数（dependent variable）；

a——y 轴上的交点（intercept on y axis）；

b——截线的斜度（slope of the line）。

如以 b 和 d 代入：

$$\frac{\mathrm{d}N}{\mathrm{d}t}=(b-d)N=[(b_0-k_bN)-(d_0+k_dN)]N \tag{3-11}$$

假定动物种群生长不增加而达到饱和，就是

$$\frac{\mathrm{d}N}{\mathrm{d}t}=0,$$

$$(b_0-k_bN)-(d_0+k_dN)=0,\ b_0-k_bN=d_0+k_dN,\ N=\frac{b_0-d_0}{k_b+k_d}$$

这时 N 达到饱和，即 $N=K$，K 称为环境负载量（environmental carrying capacity）。于是

$$K=\frac{b_0-d_0}{k_b+k_d}=\frac{r}{k_b+k_d},\ r=K(k_b+k_d),\ k_b+k_d=\frac{r}{K}$$

所以：

$$\begin{aligned}\frac{\mathrm{d}N}{\mathrm{d}t}&=[(b_0-k_bN)-(d_0+k_dN)]N\\&=[(b-d)-(k_b+k_d)N]N\\&=[r-\frac{r}{K}N]N\\&=rN(1-\frac{N}{K})\\&=rN(\frac{K-N}{K})\end{aligned}$$

当 $N\to K$ 时，$\frac{\mathrm{d}N}{\mathrm{d}t}\to 0$。这就是说，当种动物群密度增加到接近环境负载量的时候，动物种群生长趋近于零。从外部现象看，在觅食区动物种群数量大，它们间的相距度也大，如果种群量较小，其种群活动就比较集中，且相距近。

公式 $\frac{\mathrm{d}N}{\mathrm{d}t}=rN(\frac{K-N}{K})$ 就是S形曲线的表达式，也叫作逻辑曲线公式（logistic curve equation）（图 3-2）。这个逻辑曲线公式包含了下列几个假定：

（1）种群状况：种群内所有个体的生态状况都一样，如生殖能力和死亡机会等。

（2）对环境反应一致：所有个体对环境变迁的反应都一样。

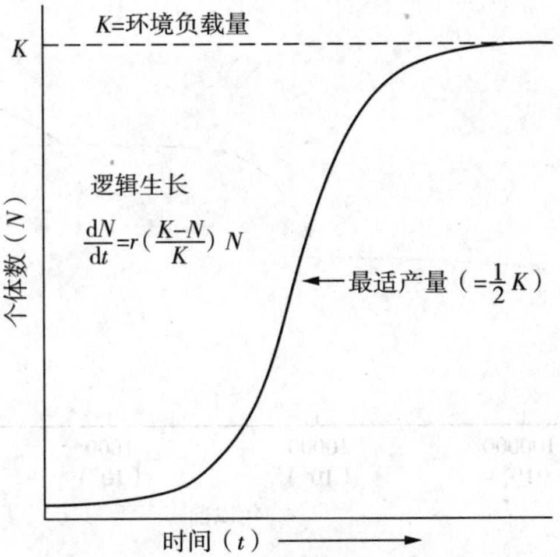

图 3-2　逻辑生长曲线（引自 Emmel，1976）

（3）对生殖无影响：当种群密度低的时候，对有性生殖的个体没有显著的影响，即雌雄性个体仍可自由进行交配。

（4）对环境负载影响不明显：环境负载量是不变的常数。

（5）内在增加率正常：内在增加率（r）和（$K-N$）成正比，即 K 和 N 相差大的时候，r 也大；相差小的时候，r 也会小。

在自然界中，许多生物如酵母菌（*Saccharomyces cerevisiae*）、草履虫（*Paramecium*）、果蝇（*Drosophila melanogaster*）、田鼠（*Microtus socialis*）等，都大致符合这个公式。事实上全球人类种群的生长，也应该符合这个公式，只是人类似乎还没有达到最大的负载量，人类社会经过了几次大的飞跃和突破，如 1000 多年前的农业革命、2000 多年前的金属（铁器）革命及 100 多年前的工业革命等（图 3-3 至图 3-5），从而打破了这个限制。

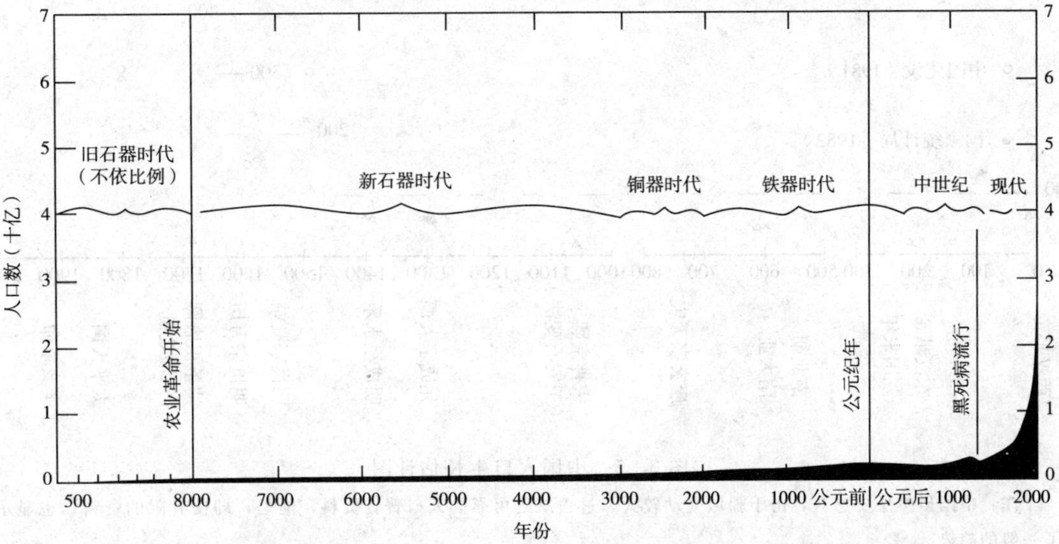

图 3-3　过去 50 万年全球人口增加估计图（引自 Ehrlich et al.，1977）

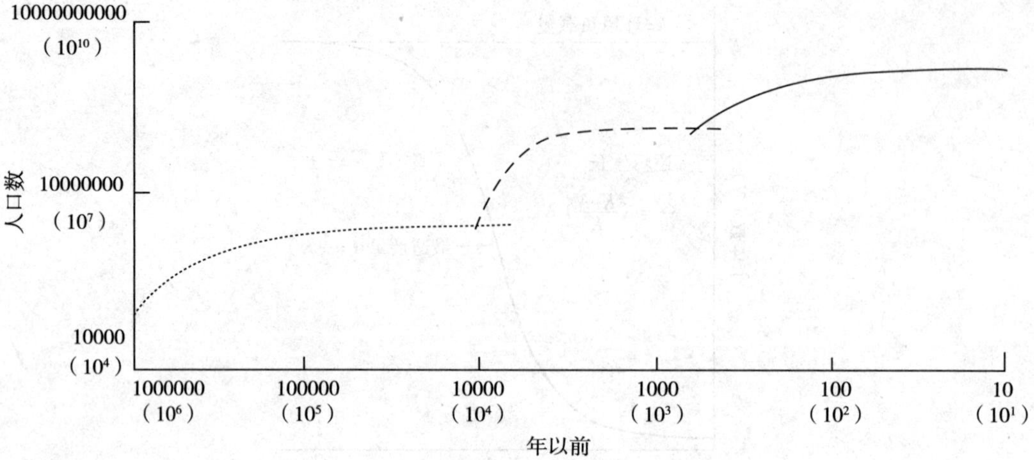

图 3-4　全球人口增加估计

注：依复对数比列制图时，人口增加依文化、农业和工业—医药等革命形成三次突破（引自 Ehrlich et al，1977）。

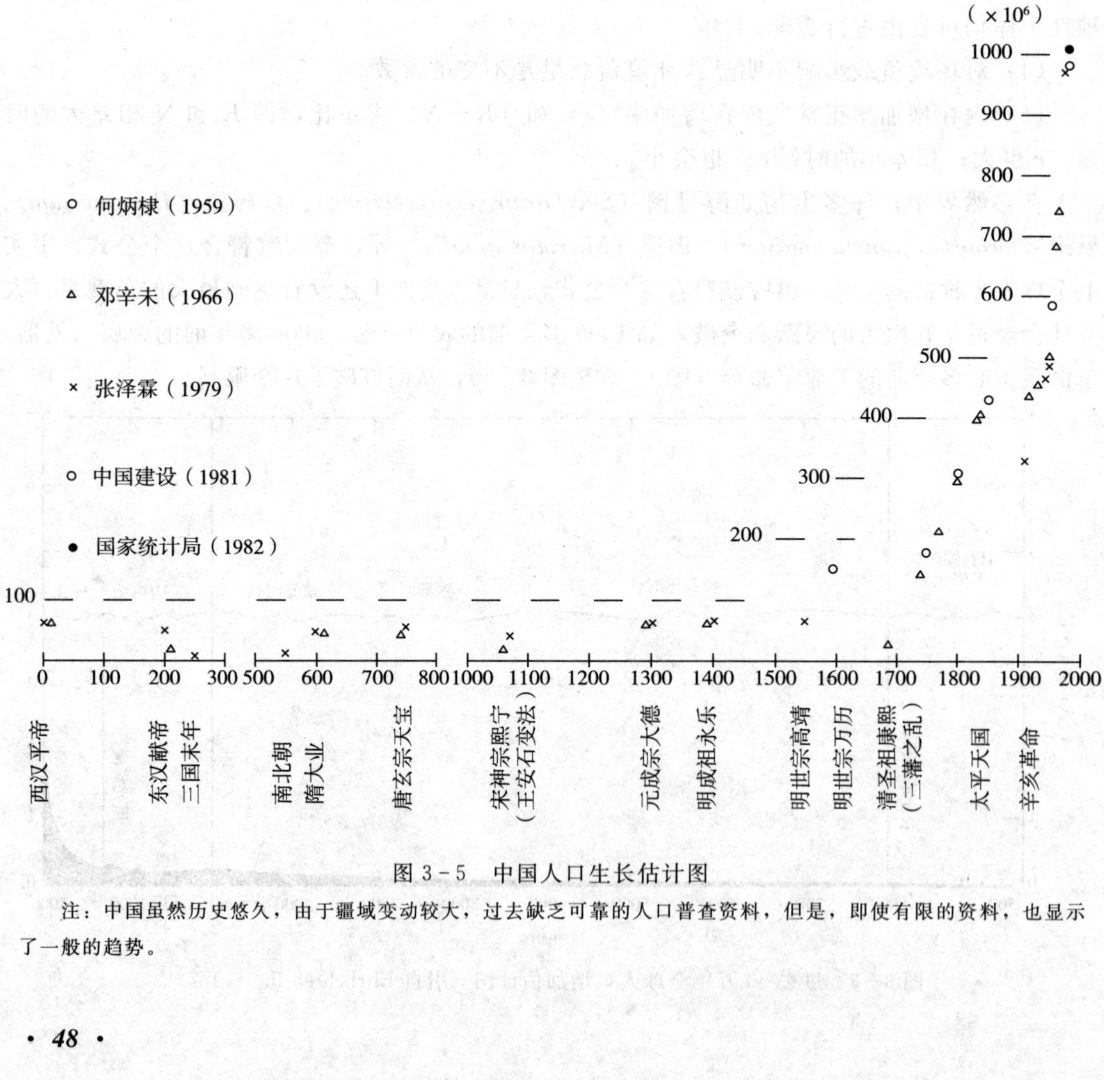

图 3-5　中国人口生长估计图

注：中国虽然历史悠久，由于疆域变动较大，过去缺乏可靠的人口普查资料，但是，即使有限的资料，也显示了一般的趋势。

现在人类面临着另一个革命的时期，这就是能源革命。因为我们知道了生命活动主要是能量在推动。一个种群如何有效地利用物质和能量，它就真正具备了最佳的适应力和最强的竞争力。也许人类还没有达到这个 K 量，也许这个 K 存在人类种群中，不是一个不变的常数。这就是有些学者认为：人口膨胀目前还没有严重到不可收拾的地步，而寄望于“量变引起质变”，希望有所突破，以达到另一次的飞跃。

第三节 逻辑曲线的特征和应用

逻辑曲线特征的认识，对研究种群的生长很有用处，因为一般种群都大致符合这个生长规律。而且逻辑曲线的形态，可以帮助人们知道环境因子，对种群生长方面的影响，在调查统计方面具有很高的实用价值，特别在分析生长率和种群密度的关系上更为明显。

逻辑曲线可分为五个部分，也就是种群生长的五个时期（图 3－6）。

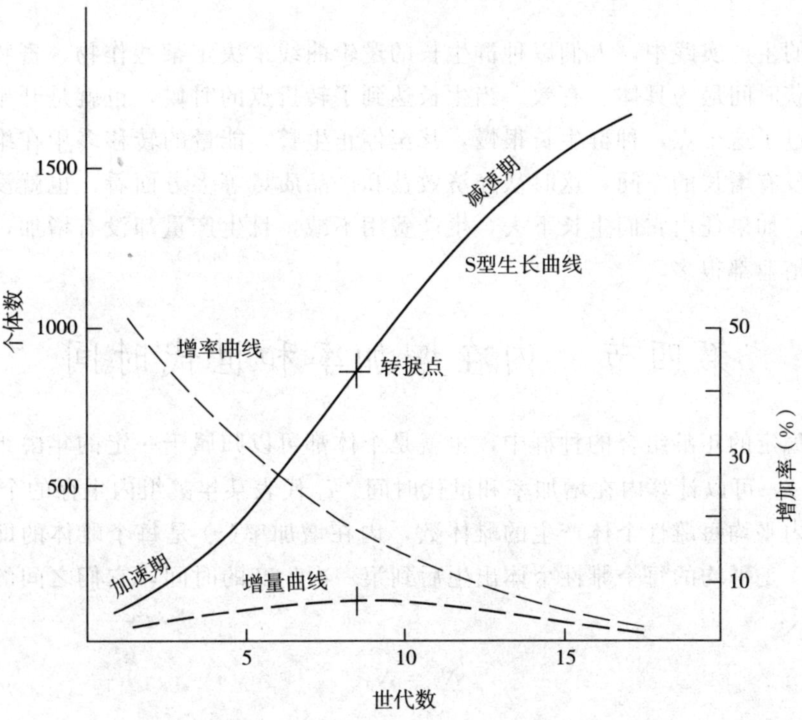

图 3－6　种群生长逻辑曲线的特征（引自 Emmel，1976）

一、开始期（initial phase）

这个时期也可以说是潜伏期或缓慢期（latent phase）。种群的个体数很少，密度增长不快。这是因为开创种群（founder population）的发展，需要对周边的环境有所适应。

二、加速期（accelerating phase）

当开创种群对环境适应以后，个体加速繁殖，其速度决定了开创种群的密度（N_0）

和内在增加率（r）。

三、转变期（inflecting phase）

这个时期是当种群生长增殖达到最高峰之后，逐渐变为减少的时期，其中，有个转折点（point of inflection）。

四、减速期（decelerating phase）

这个阶段，动物种群的内在增加率和生长增殖（increment of growth）都会减低。

五、饱和期（asymptotic phase）

当种群生长接近环境负载量的时候，一般情况下，种群就不会再增长，动物的密度达到饱和状态。

在长期的生产实践中，人们以种群生长的逻辑曲线来决定某些作物、畜牧、渔业捕捞等方面的收获时间最为具体、有效。当生长达到了转折点的时候，也就是开始收获的最佳时期。因为过了这个点，种群生长很慢，甚至停止生长，能量的转移多用在维持生命的代谢活动，已没有增长的空间，这时从经济效益和产品质量等多方面看，也就没有必要继续饲养或管理，如果任由它们生长下去，生产费用不减，且生产量却没有增加，这类例子在养殖业和种植业都很多。

第四节　内在增加率和世代时间

在一个稳定的年龄组合的种群中，也就是个体都可以归属于一定的年龄组，由净生殖率表($l_x \cdot m_x$)，可以计算内在增加率和世代时间。l_x 代表某年龄组内生存的个体数，m_x 代表某年龄组内平均每雌性个体产生的雌体数，内在增加率(r) 是每个雌体的即时增殖率。世代时间(T) 是平均的每个雌性个体出生后到第一次生产的时间，它们之间的关系可用式(3－12) 表示：

$$N_t = N_0 e^{rt} \tag{3-12}$$

式(3－12) 可以变成：

$$\frac{N_t}{N_0} = e^{rt} = R_0 = \sum_0^{\infty} l_x \cdot m_x \tag{3-13}$$

R_0 就是净生殖率，是生存个体数(l_x) 和平均雌性个体生产雌性个体数(m_x) 乘积的总和。因此可得：$\ln_e R_0 = rT$，$r = \frac{\ln_e R_0}{T}$ 或 $T = \frac{\ln_e R_0}{r}$，T 可以由净生殖率表中估计出来：

$$T = \frac{\sum x \cdot l_x \cdot m_x}{\sum l_x \cdot m_x} = \frac{\sum x \cdot l_x \cdot m_x}{R_0} \tag{3-14}$$

也就是：$T=\dfrac{\text{各年龄组的生殖率的总和}}{\text{净生殖率}}$

1760 年瑞士数学家伦哈特·尤勒（Leonhard Euler），曾用一个公式来表示年龄组生存率和生殖率，以及内在增加率和稳定年龄组和种群的关系：

$$\sum_{0}^{\infty} l_x \cdot m_x \mathrm{e}^{-rx}=1 \tag{3-15}$$

由式(3－15) 可以得到比较准确的内在增加率和估计世代时间。

我们可以举一个简单的例子：假定一个稳定种群的样品中，其年龄组共有六个(0、1、2、3、4、5) 月，而且世代是重叠的。根据统计，某年龄组内生存个数(l_x) 和某年龄组内平均每雌体产生雌体数(m_x) 已知(表 3－1)。

按次序运算，第一次运算结果：

$$\sum l_x \cdot m_x=R_0=1.85,\ \sum x \cdot l_x \cdot m_x=2.97,\ T=\frac{\sum x \cdot l_x \cdot m_x}{R_0}=\frac{2.97}{1.85}=1.61,$$

$$r=\frac{\ln_e R_0}{T}=\frac{0.615}{1.61}=0.382。$$

表 3－1　世代时间（T）和内在增加率（r）的运算

1 x	2 l_a	3 m_a	4(=2×3) l_a,m_a	5(=1×4) x,l_x,m_x	6 e^{-l}	7(=4×6) l_a,m_a,e^{-1}	6 e^{-l}	7(=4×6) l_a,m_a,e^{-1}	6 e^{-l}	7(=4×6) l_a,m_a,e^{-1}	6 e^{-l}	7(=4×6) l_a,m_a,e^{-1}
					(r=0.382)		(r=0.400)		(r=0.410)		(r=0.409)	
0	1.00	0	0	0	1.00	0	1.00	0	1.00	0	1.00	0
1	0.80	1.25	1.00	1.00	0.68	0.680	0.67	0.670	0.66	0.660	0.664	0.664
2	0.60	1.00	0.00	0.20	0.47	0.282	0.45	0.270	0.44	0.264	0.441	0.265
3	0.30	0.75	0.23	0.69	0.32	0.074	0.30	0.069	0.29	0.067	0.293	0.067
4	0.10	0.20	0.02	0.08	0.22	0.004	0.20	0.004	0.19	0.004	0.195	0.004
5	0	0	0	0	0.15	0	0.14	0	0.13	0	0.129	0
			1.85	2.97		0.040		1.013		0.995		1.000

(仿 Ehrlich et al.,1977)

当 $r=0.382$，$\sum_{0}^{\infty} l_x \cdot m_x \mathrm{e}^{-rx}=1.040>1.0$，这个内在增加率并不准确。因此，按表逐步运算，当 $r=0.409$，$\sum_{0}^{\infty} l_x \cdot m_x \mathrm{e}^{-rx}=1.000$，所以，$r$ 应该是 0.409。这样：

$$T=\frac{\ln_e R_0}{r}=\frac{0.615}{0.409}=1.5$$

比第一次少了 0.1 月，也就是说更准确地估计出该种群的世代时间，只有一个半月。

由 R_0、r、T 的关系，还可以知道生殖年龄对种群生长的影响。如果生殖开始得比较早，世代时间就比较短，反之则长。如果 R_0 大，T 延长了，r 就小，种群的生长就比较慢。但是，如果 R_0 趋近于 1，$\ln_e R_0$ 就趋近于零了，T 对 r 的影响就没有多大。由表 3－2 即可证明。

表 3-2 世代时间（T）对内在增加率（r）的影响

R_a	ln，R_a	r_t（$T=20$）	r_a（$T=30$）	r_a-r_b
2.00	0.6931	0.0347	0.0231	0.0116
1.50	0.4055	0.0203	0.0135	0.0028
1.10	0.0953	0.0048	0.0032	0.0016
1.05	0.0488	0.0024	0.0016	0.0008
1.00	0	0	0	0

（仿 Ehrlich et al.，1977）

事实上，延长世代时间，也就是延缓生殖时间或是晚婚，对控制生育比较快的人类种群是有一定作用的，但是，需要较强的抑制措施，对个体的行为有相当大的压力。如果能达到所谓“人口无生长”（zero population growth），从节育方面着手，做到限制家庭人口到一个取代一个的时候，晚婚就不必要了。

第四章　种群的结构

第一节　年龄和性别组合的分析

种群内个体年龄和性别的组合，这是由它们整体活动和生长的综合因素决定的。年龄和性别的组合分析，在人类种群中尤其重要，因为人口组合的分布和社会政治组织、经济生产以及文化教育都有直接的关系。

美国每十年就会进行一次人口普查，此外，各州另有详细的人口登记信息，并形成制度，这对人口增加或减少，以及移迁动态都有详细的记录，如果把分析的数据，按照年龄和性别组合制成图表，就很容易看出其中的演变趋势（图 4－1）。有了这个趋势做基础，政治、经济、教育等在计划和政策时就有了根据，管理者就可以预先筹划，以免到时候心中无数，出现“头痛医头，脚痛医脚”的问题。同样，在野生动物管理和资源调控方面，我们也可以采用这类方法，以保证其管理的科学性和可控性。特别是在机场鸟击防范中，对于机场及周边地区鸟类及其他有害生物年龄和性别的综合了解与分析尤为重要，它对鸟击防范措施的制定与改进具有重要的现实意义。

年龄和性别组合图表也叫作种群角锥（population pyramid），其横坐标是百分比，纵坐标是年龄组。通常是纵坐标在当中，各年龄组的男生百分比在左，女性在右。一般男女性别比例大致是相等的，所以，种群角锥也大致是等腰三角形。专门研究人口统计的学者利用计算机（电脑）和描画器把人类种群角锥数据画出，或重叠对比，可以一目了然，很快就得到结论（图 4－2）。

年龄和性别组合分析在指示生殖率，如雌性生殖年龄组在种群中的比例，对种群的生长有直接关系，特别是对无限生长的种群或正在加速生长期的种群尤为重要。它的另外一个重要应用是估计依靠比率（dependency ratio），即老幼年龄组和青壮年龄组的比例。前者是非生产者，依靠后者的生产和照顾而生存。这个简单比例如下：

$$依靠比率=\frac{{}_{15}P_{0}+{}_{\infty}P_{65}}{{}_{65}P_{15}}\times 100\% \qquad (4-1)$$

式中　${}_{15}P_{0}$——15 岁以下的人数；

$_{\infty}P_{65}$——65 岁以上的人数；

$_{65}P_{15}$——15 岁至 65 岁的人数。

地　　区	太平洋区	山地区	中西部区	中间区	南部区	东部区	总数
1980 年人口（千）	31 797	11 368	53 936	18 408	61 263	49 732	226 504
1970 年年人口（千）	26 548	8 290	51 913	16 883	30 060	49 609	203 303
从 1970 年以后增加百分率（%）	19.8	17.9	3.9	9.0	22.4	0.2	11.4

图 4－1　美国 1980 年人口普查动态

显示人口向西南部迁移，因而各州参加众议院的议员人数有所增减

（仿 U. S. News and World Report 90（6）：57 and 90（7）：39，February 1981）

一个人类种群的经济状况，通常和依靠比率成反比，即依靠比率高的国家多是比较贫穷的，尤其是 15 岁以下的孩子，几乎完全不能生产的，如果加上死亡率，这些年龄组内的个体，对整个种群来说，是消费型的，在经济上形成了负担。

依靠比率和原始出生率（crude birth rate）有直接的关系。基非茨等（N. Keyfitz et al.，1971）根据一些国家的数据做出一个关系图表，证明高依靠比率事实上是孩子生得多的结果（图 4－3）。

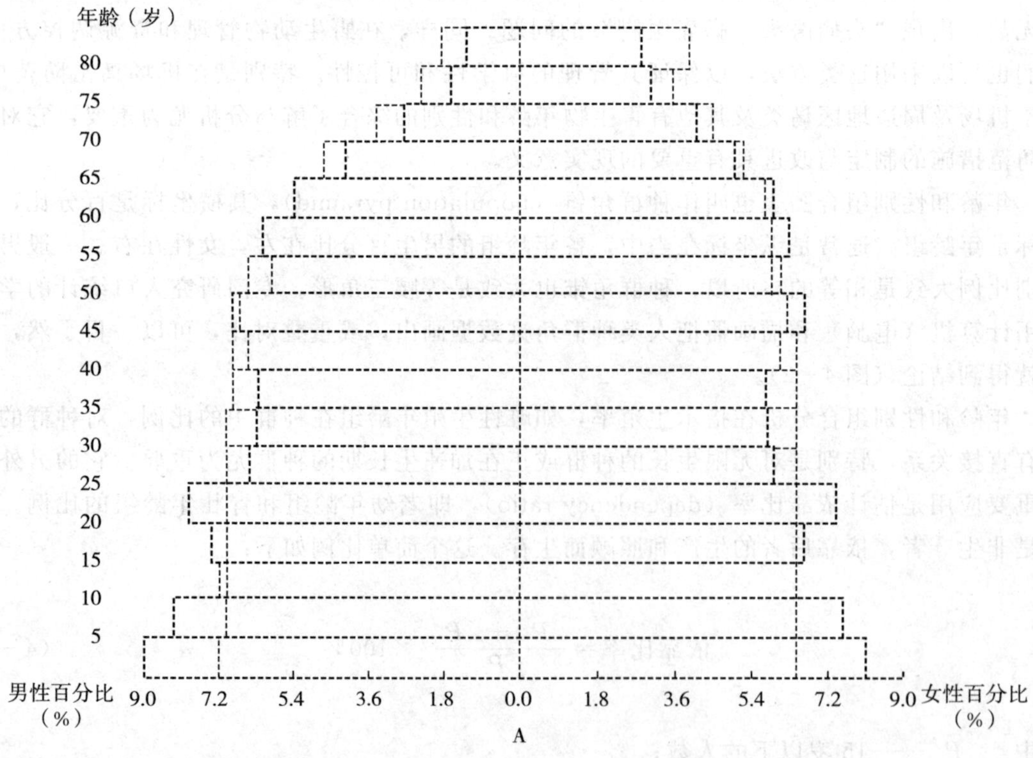

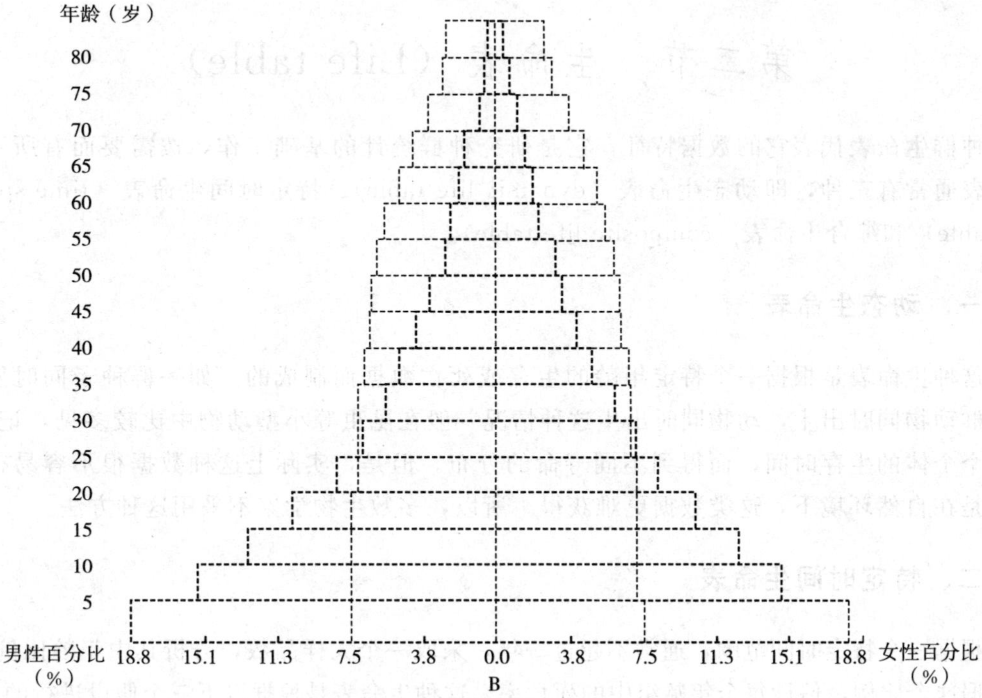

图 4－2　人类种群角锥图

（A—英格兰和威尔士，1968；B—墨西哥，1966）（引自 Keyfitz et al.，1971）

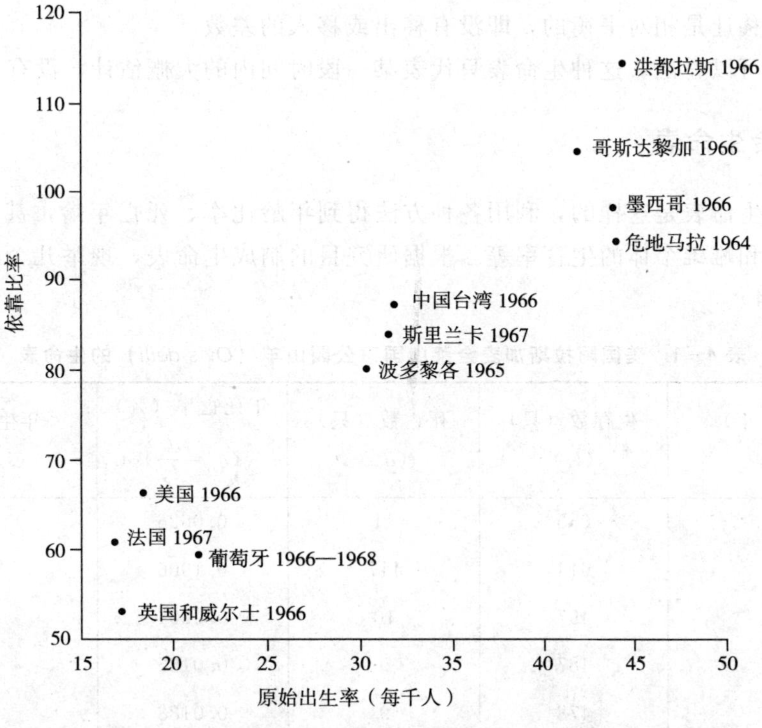

图 4－3　依靠比率和原始出生率的关系图（引自 Keyfitz et al.，1971）

注：图中各国和我国台湾省显然可以分成三组：低依靠率组是美国、法国、葡萄牙、英国和威尔士；中依靠率组是我国的台湾省、斯里兰卡、波多黎各；高依靠率组是洪都拉斯、哥斯达黎加、墨西哥、危地马拉。

第二节　生命表（Life table）

种群生命表代表它的数据特征，它是研究种群统计的基础工作，按需要而有所不同。生命表通常有三种，即动态生命表（dynamic life table）、特定时间生命表（time-specific life table）和综合生命表（composite life table）。

一、动态生命表

这种生命表是根据一个特定年龄的生存或死亡数据而制成的。如一群种子同时发芽，或一群动物同时出生，动物同时出生这种情况一般在昆虫等小型动物中比较多见，记载它们每个个体的生存时间，而得到不同寿命的分布。但是，实际上这种数据很不容易得到，尤其是在自然环境下，这类数据更难获得。所以，多数生物学家不采用这种方法。

二、特定时间生命表

根据一个特定时间范围，通常不超过一年，采取一个大样品数，分析其中年龄比例，并且根据这个比例，估计每个年龄组中的死亡率。这种生命表是根据以下三个假设进行的：

（1）种群的数量是静态的，即密度不变；

（2）年龄组合是稳定的，即年龄的比例不变；

（3）个体移迁是相对平衡的，即没有移出或移入的差数。

由此我们可以看出，这种生命表只代表某一段时间内的大概估计，没有普遍的意义。

三、综合生命表

大多数的生命表是这样的，利用各种方法得到年龄比率、死亡年龄，甚至，种群的出生率、死亡率和雌雄个体的生育率等。根据研究目的制成生命表，现举几个例子如下（表4－1至表4－4）。

表4－1　美国阿拉斯加麦金莱山国家公园山羊（*Ovis delli*）的生命表

年龄间隔（年）(x)	生存数（只）(l_x)	死亡数（只）(d_x)	年死亡率（%）($q_x=\frac{d_x}{l_x}$)	年生存率（%）($s_x=1-q_x$)
0～1	655	41	0.0626	0.9374
1～2	614	117	0.1906	0.8094
2～3	497	10	0.0201	0.9799
3～4	487	9	0.0185	0.9815
4～5	478	9	0.0188	0.9812
5～6	469	23	0.0490	0.9510
6～7	446	34	0.0762	0.9238

（续表）

年龄间隔（年） (x)	生存数（只） (l_x)	死亡数（只） (d_x)	年死亡率（%） ($q_x=\frac{d_x}{l_x}$)	年生存率（%） ($s_x=1-q_x$)
7～8	412	37	0.0898	0.9102
8～9	375	48	0.1280	0.8720
9～10	327	79	0.2416	0.7584
10～11	248	92	0.3710	0.6290
11～12	156	88	0.5641	0.4359
12～13	68	64	0.9412	0.0588
13～14	4	1	0.2500	0.7500
14～15	3	3	1.0000	0

（引自 Murie，1944）

表 4－2　圆形盘肠溞（*Chydorus sphaericus*）在 15℃和 25℃温度下的生命表

时龄间隔	间隔中点	15℃				25℃			
（天）	(x)	l_x	m_x	$l_x \cdot m_x$	$xl_x \cdot m_x$	l_x	m_x	$l_x \cdot m_x$	$xl_x \cdot m_x$
0～4	2	1.000	0.00	0.00	0.0	1.000	0.00	0.00	0.00
5～14	10	1.000	2.88	2.88	28.8	0.948	8.27	7.84	78.40
15～24	20	1.000	4.80	4.80	96.0	0.692	6.94	4.80	96.05
25～34	30	1.000	4.80	4.80	144.0	0.440	8.18	3.60	107.98
35～44	40	1.000	4.64	4.64	185.6	0.340	6.05	1.84	73.57
45～54	50			4.56	228.0		5.00	0.92	46.00
55～64	60	1.000	4.56	3.24	194.4	0.184	3.33	0.12	7.19
65～74	70	0.988	3.28	1.36	95.1	0.036	0	0	0
75～84	80	0.888	1.53	2.44	194.9	0			
85～94	90	0.804	3.03	2.88	259.2				
95～104	100	0.656	4.39	1.92	191.6				
105～114	110	0.584	3.28	1.12	123.5				
115～124	120	0.488	2.30	0.32	38.6				
125～134	130	0.328	0.98	0	0				
		0.136	0						
总计				34.96	1 779.7			19.12	409.19

	15℃	25℃
$R_0=\sum l_x \cdot m_x$	34.96	19.12
$T=(\sum xl_x \cdot m_x)/R_0$	1 779.7/34.96 = 50.9	409.19/19.12 = 21.4
$r=(\ln_e R_0)/T$	$(\ln_e 34.96)/50.9=0.0698$	$(\ln_e 19.12)/21.4=0.1379$

（引自 Keen，1967）

穆里（A. Murie，1944）根据阿拉斯加（Alaska）麦金莱山（Mount Mckinley）国家公园内 655 个山羊的骨头年龄制成的生命表，来推断这些山羊的生活情形和与捕食者——狼（*Canis lupus*）的关系。年龄的判定是根据头骨和角的度量，以及牙龄磨损断面而决定的（表 4－1）。从这个生命表我们可以看出，生存率最高的年龄是第三、第四和第五，这就是说，只要在自然条件下，只要小羊过了两岁，它们的生存机会就大幅增加，一直到 8 岁，它们的生存率都在 90％以上。过了这个年龄，生存率就逐渐减小。不过第一年的幼羊的死亡率绝不止 0.0625，可能是幼羊头骨尚未钙化，不易保留。最后两年的数据由于比较少，也不太可靠。

基恩（R. E. Keen，1967），根据实验室培养的圆形盘肠溞（*Chydorus sphaericus*）的出生生命表，而计算得出，在不同温度下，这种动物的内在增加率（*r*）和世代时间（*T*）（表 4－2）。再利用尤勒公式运算调整，可以算出比较准确的内在增加率（*r*）和等代时间（*T*）。在 15℃时，$r=0.146$，$T=24.34$h；25℃时，$r=0.213$，$T=13.85$h。

下面介绍新加坡（表 4－3）和我国台湾省（表 4－4）两地，1966 年人类种群的生命表，供参考。

表 4－3　1966—1968 年新加坡人类种群生命表

1　数据

年龄	人口					出生数	死亡			年龄
	总数	男	%	女	%		总数	男	女	
0	51800	26300	2.6	25500	2.7	0	1259	709	550	0
1~4	226700	115500	11.4	111200	11.8	0	410	212	198	1~4
5~9	297100	151900	15.0	145200	15.4	0	173	98	75	5~9
10~14	261000	133700	13.2	127300	13.5	23	141	83	58	10~14
15~19	218900	112400	11.1	106500	11.3	3622	153	93	60	15~19
20~24	136900	70900	7.0	66000	7.0	12912	162	105	57	20~24
25~29	135900	69900	6.9	66000	7.0	16661	162	97	65	25~29
30~34	119200	60800	6.0	58400	6.2	10249	187	110	77	30~34
35~39	110700	58800	5.8	51900	5.5	5337	253	164	89	35~39
40~44	88200	48600	4.8	39600	4.2	1770	319	205	114	40~44
45~49	80400	44600	4.4	35800	3.8	253	481	323	158	45~49
50~54	71600	39500	3.9	32100	3.4	0	727	497	230	50~54
55~59	58800	32400	3.2	26400	2.8	0	1040	715	325	55~59
60~64	43100	23300	2.3	19800	2.1	0	1224	861	363	60~64
65~69	28300	14200	1.4	14100	1.5	0	1220	786	434	65~69
70~74	16500	7100	0.7	9400	1.0		1027	592	435	70~74
75~79	6700	2000	0.2	4700	0.5		808	382	425	75~79
80~84	2547	626	0.1	1921	0.2	26045男	500	192	308	80~84
85+	1253	374	0.0	879	0.1	24782女	404	112	292	85+
总计	1955600	1012900		942700		50827	10650	6336	4314	总计

2　男性生命表

x	nq_x	l_x	nd_x	nL_x	nm_x	T_x	$1000r_x$	e_x	nM_x	x
0	0.02645	100000	2645	98124	0.02696	6444629	0.00	64.45	0.02696	0
1	0.00730	97355	711	387385	0.00184	6346505	0.00	65.19	0.00184	1
5	0.00322	96644	311	482442	0.00064	5959120	4.94	61.66	0.00065	5
10	0.00311	96333	299	480936	0.00062	5476679	29.45	56.85	0.00062	10
15	0.00419	96034	402	479249	0.00084	4995743	62.49	52.02	0.00083	15
20	0.00740	95632	708	476442	0.00149	4516493	46.19	47.23	0.00148	20
25	0.00692	94924	657	473007	0.00139	4040051	13.87	42.56	0.00139	25
30	0.00903	94267	851	469340	0.00181	3567045	15.38	37.84	0.00181	30
35	0.01390	93416	1299	464057	0.00280	3097704	19.55	33.16	0.00279	35
40	0.02099	92117	1934	456150	0.00424	2633647	23.13	28.59	0.00422	40
45	0.03573	90183	3222	443569	0.00726	2177497	13.09	24.15	0.00724	45
50	0.06141	86961	5341	422576	0.01264	1733928	18.58	19.94	0.01258	50
55	0.10560	81620	8619	388043	0.02221	1311352	29.58	16.07	0.02207	55
60	0.17117	73001	12496	335064	0.03729	923309	50.77	12.65	0.03695	60
65	0.24548	60505	14853	266118	0.05581	588245	50.77	9.72	0.05535	65
70	0.34987	45652	15972	189226	0.08441	322128	50.77	7.05	0.08338	70
75	0.64542	29680	19156	98969	0.19355	132902	50.77	4.48	0.19100	75
80	0.81541	10524	8581	27580	0.31114	33932	50.77	3.22	0.30671	80
85+	1.00000	1943	1943	6352	0.30580	6352	50.77	3.27	0.29947	85+

（续表）

3 女性生命表

x	nq_x	l_x	nd_x	nL_x	nm_x	T_x	$1000r_x$	e_x	nM_x	x
0	0.02125	100000	2125	98538	0.02157	7037706	0.00	70.38	0.02157	0
1	0.00709	97875	694	389532	0.00178	6939168	0.00	70.90	0.00178	1
5	0.00257	97181	250	485280	0.00052	6549637	6.31	67.40	0.00052	5
10	0.00228	96931	221	484109	0.00046	6064356	30.51	62.55	0.00046	10
15	0.00284	96710	275	482906	0.00057	5580247	65.08	57.70	0.00056	15
20	0.00433	96436	418	481175	0.00087	5097341	47.03	52.86	0.00086	20
25	0.00492	96018	472	478954	0.00099	4616166	11.20	48.08	0.00098	25
30	0.00659	95546	630	476227	0.00132	4137212	22.72	43.30	0.00132	30
35	0.00860	94916	816	472692	0.00173	3660985	36.97	38.57	0.00171	35
40	0.01439	94100	1354	467367	0.00290	3188293	34.21	33.88	0.00288	40
45	0.02192	92746	2033	459034	0.00443	2720925	16.36	29.34	0.00441	45
50	0.03543	90713	3214	446206	0.00720	2261891	22.80	24.93	0.00717	50
55	0.06022	87499	5269	425172	0.01239	1815686	35.90	20.75	0.01231	55
60	0.08862	82230	7287	394090	0.01849	1390514	42.67	16.91	0.01833	60
65	0.14444	74943	10825	348945	0.03102	996424	42.67	13.30	0.03078	65
70	0.21031	64118	13485	288568	0.04673	647479	42.67	10.10	0.04628	70
75	0.37387	50633	18930	206813	0.09153	358911	42.67	7.09	0.09064	75
80	0.57254	31703	18151	112016	0.16204	152098	42.67	4.80	0.16033	80
85+	1.00000	13552	13552	40082	0.33810	40082	42.67	2.96	0.33220	85+

（引自 keyftz et al.，1917）

表 4－4 1966 年我国台湾省人类种群生命表

1 数据

年龄	人口					出生数	死亡			年龄
	总数	男	%	女	%		总数	男	女	
0	379218	195400	2.9	183818	3.0	0	8380	4541	3839	0
1~4	1602667	824482	12.1	778185	12.5	0	6830	3431	3399	1~4
5~9	1931672	991494	14.6	940178	15.1	0	1535	911	624	5~9
10~14	1775971	911017	13.4	864954	13.9	0	1073	629	444	10~14
15~19	1293730	664565	9.8	629165	10.1	25266	1435	841	594	15~19
20~24	935252	485077	7.1	450175	7.2	123481	1556	982	574	20~24
25~29	929845	476755	7.0	453090	7.3	147935	1708	1094	614	25~29
30~34	829161	433161	6.4	396000	6.4	74465	1846	1104	742	30~34
35~39	783669	434123	6.4	349546	5.6	31705	2318	1491	827	35~39
40~44	660474	372002	5.5	288472	4.6	10904	2916	1818	998	40~44
45~49	524544	297318	4.4	227226	3.7	1352	3194	2187	1007	45~49
50~54	452389	257721	3.8	194668	3.1	0	4082	2757	1325	50~54
55~59	338831	181438	2.7	157393	2.5	0	4807	3185	1522	55~59
60~64	240185	123556	1.8	116529	1.9	0	5578	3563	2115	60~64
65~69	160047	76722	1.1	83325	1.3	0	5977	3544	2433	65~69
70~74	94822	41847	0.6	52975	0.9		5515	2944	2571	70~74
75~79	53214	20567	0.3	32647	0.5		4738	2198	2540	75~79
80~84	23705	7817	0.1	15888	0.3	213327男	3207	1271	1936	80~84
85+	11819	2997	0.0	8822	0.1	201781女	3085	890	2195	85+
总计	13021215	6798059		6223156		415108	69780	39381	30399	总计

2 男性生命表

x	nq_x	l_x	nd_x	nL_x	nm_x	T_x	$1000r_x$	e_x	nM_x	x
0	0.02292	100000	2292	98605	0.02324	6518643	0.00	65.19	0.02324	0
1	0.01646	97708	1608	386504	0.00416	6420038	0.00	65.71	0.00416	1
5	0.00455	96100	438	479406	0.00091	6033534	9.71	62.78	0.00092	5
10	0.00346	95662	331	477520	0.00069	5554128	39.14	58.06	0.00069	10
15	0.00639	95331	610	475253	0.00128	5076608	61.72	53.25	0.00127	15
20	0.01011	94722	957	471311	0.00203	4601346	31.29	48.58	0.00202	20
25	0.01141	93764	1070	466192	0.00230	4130035	9.03	44.05	0.00229	25
30	0.01267	92694	1175	460636	0.00255	3653843	6.70	39.53	0.00255	30
35	0.01706	91519	1562	453904	0.00344	3203207	11.69	35.00	0.00343	35
40	0.02429	89958	2185	444666	0.00491	2749303	32.76	30.56	0.00489	40
45	0.03632	87773	3188	431365	0.00739	2304638	29.21	26.26	0.00735	45
50	0.05257	84585	4445	412567	0.01078	1873273	37.96	22.15	0.01070	50
55	0.08525	80138	6832	384767	0.01776	1460706	55.02	18.23	0.01755	55
60	0.13632	73306	9993	342890	0.02914	1075938	53.84	14.68	0.02884	60
65	0.20952	63313	13266	284468	0.04663	733048	53.84	11.58	0.04619	65
70	0.30180	50048	15105	212792	0.07098	448581	53.84	8.96	0.07035	70
75	0.42292	34943	14778	137040	0.10784	235788	53.84	6.75	0.10687	75
80	0.57518	20165	11598	70534	0.16444	98749	53.84	4.90	0.16260	80
85+	1.00000	8566	8566	28214	0.30362	28214	53.84	3.29	0.29696	85+

（续表）

3　女性生命表

x	nq_x	l_x	nd_x	nL_x	nm_x	T_x	$1000r_x$	e_x	nM_x	x
0	0.02063	100000	2063	98773	0.02088	6983194	0.00	69.83	0.02088	0
1	0.01727	97937	1692	387263	0.00437	6884421	0.00	70.29	0.00437	1
5	0.00328	96246	316	480438	0.00066	6497157	9.19	67.51	0.00065	5
10	0.00258	95930	247	479060	0.00052	6016719	39.52	62.72	0.00051	10
15	0.00476	95683	456	477349	0.00095	5537660	64.38	57.88	0.00094	15
20	0.00637	95227	606	474657	0.00128	5060311	31.61	53.14	0.00128	20
25	0.00676	94621	640	471560	0.00136	4585654	11.37	48.46	0.00136	25
30	0.00935	93981	879	467803	0.00188	4114093	24.09	43.78	0.00187	30
35	0.01181	93102	1100	462908	0.00238	3646291	29.18	39.16	0.00237	35
40	0.01724	92002	1586	456232	0.00348	3183383	39.66	34.60	0.00346	40
45	0.02205	90416	1993	447387	0.00446	2727151	34.60	30.16	0.00443	45
50	0.03368	88423	2978	435157	0.00684	2279765	29.74	25.78	0.00681	50
55	0.05077	85445	4338	417240	0.01040	1844607	40.01	21.59	0.01031	55
60	0.08770	81107	7113	388968	0.01829	1427367	39.94	17.60	0.01813	60
65	0.13762	73993	10183	345935	0.02944	1038399	39.94	14.03	0.02920	65
70	0.21878	63810	13960	285437	0.04891	692463	39.94	10.85	0.04853	70
75	0.32814	49850	16358	208736	0.07837	407027	39.94	8.17	0.07780	75
80	0.47127	30492	15784	128283	0.12304	198291	39.94	5.92	0.12185	80
85+	1.00000	17708	17708	70007	0.25295.	70007	39.94	3.95	0.24881	85+

（引自 Keyftz et al.，1917）

表中符号略加注明如下：

x—— 开始年龄并代表年龄组；

$nq_x=\dfrac{nd_x}{l_x}$—— 某年龄组内死亡比例数，即死亡率；

$l_x=l_x-n(1-nq_x-n)$—— 某年龄组内生存个体数；

$nd_x=l_x\cdot nq_x$—— 某年龄组内死亡个体数；

$nL_x=\int_0^n l(x+t)\mathrm{d}t$—— 静态种群中某年龄组内生存个体数；

$nm_x=\dfrac{nd_x}{nL_x}$—— 静态种群中的特定年龄（$x\rightarrow x+n$）死亡率；

$T_x=\sum_0^n nL_x$—— 静态种群中某年龄组及其以后各组全部个体数；

$e_x=\dfrac{T_x}{l_x}$—— 某年龄组的平均预期寿命；

nMx—— 实际观察的特定年龄（$x\rightarrow x+n$）死亡率。

第三节　莱斯利矩阵（Leslie matrix）

莱斯利（P. H. Leslie，1945）根据特定年龄结构种群内的出生率和死亡率，用行列式表示它的改变，称为莱斯利矩阵。它可以作为分析生命表变则的一个方法，也是描述种群生长的一个方法。下面简要介绍克雷布斯（C. J. Krebs，1978）有关这方面的主要内容。

假定一个年龄结构的种群从 t 时间开始：

N_0—— 从 0 到 1 年龄的个体数；

N_1—— 从 1 到 2 年龄的个体数；

N_k—— 从 k 到 $k+1$ 年龄(最大可能的年龄个体数)。

一般年龄时间，通常多以一年为单位，但是，也可以是任何时间单位，按不同动物的生态习惯为准。一般在雌雄两性生殖的动物种群，只算雌性动物个体数。

$S_x=\dfrac{l_x+1}{l_x}$ 为 x 年龄组内的个体能生存到 $x+1$，即下一个年龄组的可能率；$f_x=m_x\cdot P_x$ 为在一个 x 到 $x+1$ 年龄组内，雌性个体生产的雌性个体数，这些雌性体能生存到下一个年龄组；m_x 表示某一雌性个体在到 $x+1$ 年龄组内产生的雌性体数；P_x = 雌性体从 x 到 $x+1$ 时间内的生存率。

如果没有移出或移入，种群的年龄结构在下一个时间是：

新的年龄结构 $t+1$ 时间内新个体数 $=f_0N_0+f_1N_1+f_2N_2+\cdots\cdots f_kN_k=\sum\limits_{x=0}^{k}f_xN_x$；

$t+1$ 时间内一岁的个体数 $=S_0N_0$；

$t+1$ 时间内二岁的个体数 $=S_0N_1$；

$t+1$ 时间内三岁的个体数 $=S_0N_2$。

莱斯利认为，这个问题可以用简单的矩阵来代表。假如这个矩阵 $\boldsymbol{M}$ 称为过渡矩阵(transition matrix)：

$$\boldsymbol{M}=\begin{bmatrix} f_0 & f_1 & f_2 & f_3 & \cdots & f_{k-1} & f_k \\ S_0 & 0 & 0 & 0 & \cdots & 0 & 0 \\ 0 & S_1 & 0 & 0 & \cdots & 0 & 0 \\ 0 & 0 & S_2 & 0 & \cdots & 0 & 0 \\ 0 & 0 & 0 & S_3 & \cdots & 0 & 0 \\ \vdots & \vdots & \vdots & \vdots & & \vdots & \vdots \\ 0 & 0 & 0 & 0 & \cdots & S_{k-1} & 0 \end{bmatrix}$$

，其中，$f_x\geqslant 0$，S_x 在0和1之间，种群结构可用向量 $\boldsymbol{N}_t$ 表示，且 $\boldsymbol{N}_t=(N_0, N_1, N_2, N_3, \cdots, N_k)^{\mathrm{T}}$，这样在任何时间的年龄分布可以用以上两式相乘得到

$$\boldsymbol{M}\cdot\boldsymbol{N}_t=\boldsymbol{N}_{t+1}, \quad \boldsymbol{M}\cdot\boldsymbol{N}_{t+1}=\boldsymbol{N}_{t+2}$$

莱斯利矩阵模式，它是一个种群在指数生长情况下，特定年龄结构的模式。下面举一个简单的例子（表 4－5）：

表 4－5　动物生命表

年龄 x（岁）	生存个体数 l_x（个）	特定年龄生育力 m_x（个）
0	1	0
1	1	2
2	1	1
3	1	0
4	0	—

（引自单国桢，1983）

表4-5代表一个动物生命表，这个动物在自然界中，只活了三年就死亡了，不过在一岁的时候生了两个雌性个体，两岁的时候生了一个，三岁的时候没有生。因为它是间歇生殖的，从第一龄的雌性个体的出生开始，即 $f_x = m_x + 1P_x$，$P_x = 1$。

于是：$\boldsymbol{M} = \begin{bmatrix} 2 & 1 & 0 & 0 \\ 1 & 0 & 0 & 0 \\ 0 & 1 & 0 & 0 \\ 0 & 0 & 1 & 0 \end{bmatrix}$，$\boldsymbol{N}_0 = (1, 0, 0, 0)^{\mathrm{T}}$。

第一年中的新个体数 $= \sum\limits_{x=0}^{4} f_x N_x = 2 \times 1 = 2$，第一年中一岁的个体数 $= S_0 N_0 = 1 \times 1 = 1$，所以，该种群的年龄结构向量 $\boldsymbol{N}_1 = (2, 1, 0, 0)^{\mathrm{T}}$。

第二年中的新个体数 $= \sum\limits_{x=0}^{4} f_x N_x = 2 \times 2 + 1 \times 1 = 5$，第二年中一岁的个体数 $= S_0 N_0 = 1 \times 2 = 2$，第二年中一岁的个体数 $= S_1 N_1 = 1 \times 1 = 1$，于是该种群的年龄结构向量 $\boldsymbol{N}_2 = (5, 2, 1, 0)^{\mathrm{T}}$。

如果动物继续生殖，它们在莱斯利矩阵中的生殖率（fecundity）f_x 是不易肯定的。因为这个方法只限一年一度不连续或间歇生殖的种群。新个体每年只有一次加入这个种群中，而且由于死亡率的关系，只在这个年度结束前的生存个体才正式计算在内。

莱斯利行列式可用来分析动物种群的数量和年龄的结构，如老年个体生存率降低，或年青个体生殖率增高，对种群生长的影响；或者让种群按一个特定的生命表生长若干时间（生长季度），然后，改变一下生命表，看种群生长如何改变。这样从年龄结构的关系，就比仅从逻辑公式来看种群生长更有实际意义。

第五章　种群密度的调整

从长期时限来看，任何动物种群都有密度的波动，有些是规则的，即成周期的波动或振动（cyclic fluctuation or oscillation）；有些是不规则的，即成随机的波动（random fluctuation）。所谓波动，通常是指大幅度的增加或减少，而振动则是小幅度的增加或减少，当然，多少带有主观的意识。目前，国内外大多数的生态学者普遍认为，动物种群密度的波动，多是有规律、有周期性的，如果记录密度消长和相应环境以及种群内部的变化，不但可以得出这个周期的高峰和低谷，而且可以分析其原因，进而有效地掌控控制因子（图5－1）。

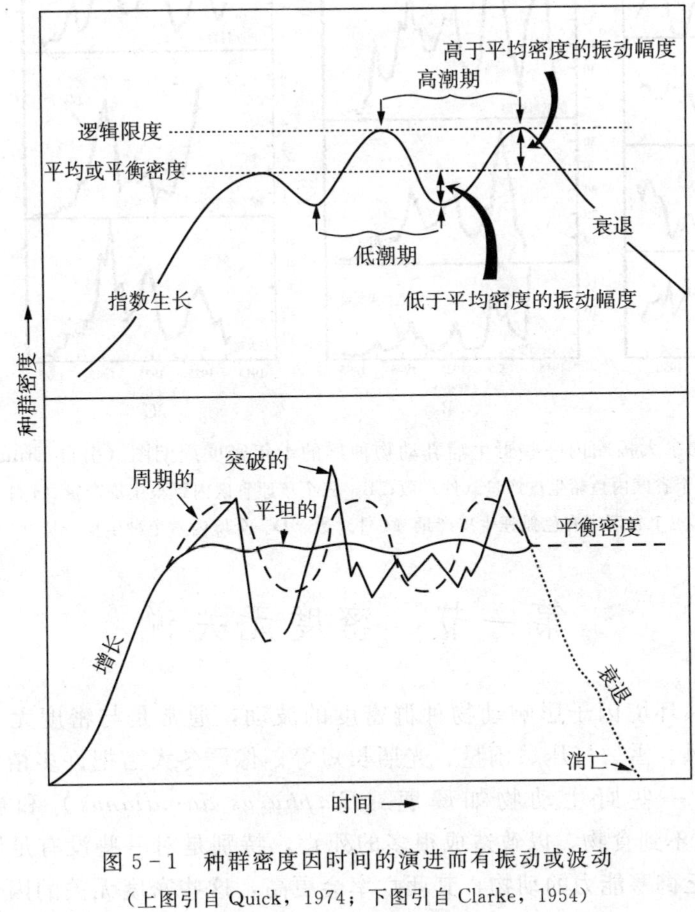

图5－1　种群密度因时间的演进而有振动或波动

（上图引自 Quick，1974；下图引自 Clarke，1954）

长期观测记录种群密度的波动确实如此。3～4 年的极圈内旅鼠（*Lemmus lemmus*）密度的波动，9～10 年的雪兔（*Lepus americanus*）和野猫（*Lynx canadensis*），以及其他极圈附近哺乳类种群密度的波动记录，都有比较准确的根据（图 5-2）。

多年来，生态学者对野生动物种群密度波动的周期性问题，讨论都特别热烈，尤其是什么环境因子对密度的增加或减少有决定性的作用，和环境负载量到底有多大。这些问题牵涉范围很广：一是密度的测定要有统计的分析；二是动物种群结构的分析，要有生活史和行为的观测；三是环境因子的测定要有理化和地学，甚至天文、气象等的观测；四是种群内其固频度的分析，要有遗传学的演化学的探讨。到目前为止，有关种群密度调整的机制还没有确切的定论。除了前面提到的范围牵涉面很广泛，野生动物种群种类繁多，要一个或优先的几个概括性的控制因子，来解释所有的密度波动，即使非绝对不可能，也是很不容易达到的。这里我们只提出一些现有的学说，简单地介绍一下，这样做也许对实际问题的解决有点帮助。目前，有关这方面的讨论，大概可以分为密度无关的（density independent）、密度有关的（density dependent）、折中的（compromised）和自律的（self regulation）之类。

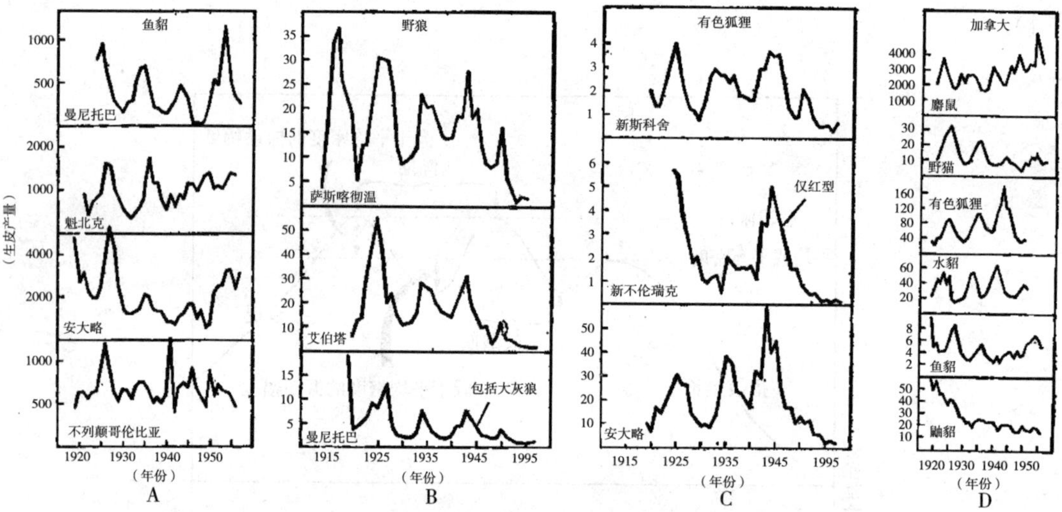

图 5-2　加拿大极圈内一些野生哺乳动物种群的十年密度周期图（引自 Ernmel，1976）

A—四个省区内鱼貂生皮产量（件）数；B—三个草原省区内野狼生皮产量（4 件）数；

C—东部三个省区内有色狐狸生皮产量（4 件）数；D—全境内六个种生皮产量（4 件）数

第一节　密度无关说

事实上，自然环境因子影响动物种群密度的波动，通常是与密度无关的，如气候因子，包括温度、风、雪、气压、雨量、光照长短等。像严冬大雪把许多植物的嫩芽和种子深深掩埋，使得一些野生动物如麋鹿（*Elaphurus davidianus*）和鹌鹑（*Coturnix coturnix*）等，找不到食物，以致造成很多的死亡，特别是对一些没有足够脂肪层的幼小的动物个体，缺乏御寒能力的动物，其死亡率会更高，这些密度无关的因子对个体小、生命短而生殖力强的动物，如昆虫、甲壳类的影响特别显著。

早期提出“昆虫种群密度波动是受气候控制的”这一观点是博登海默(F. S. Bodenheimer，1928)。当时，许多研究昆虫生理和发育的报告，都显示温度对产卵率和胚胎发育的影响都很大，同时，气候变化导致的昆虫死亡有时死亡率可以达到85%～90%。其后，尤瓦罗夫（B·P·Uvarov，1931）也指出，气候对昆虫的生长、生殖和死亡有很大的影响。他特别强调昆虫种群密度波动和气候因子的关联。

安德烈瓦沙和伯奇（H. G. Andrewartha and L. C. Birch，1954）也认为，环境因子比较重要。他们把环境分为气候、食物、捕获和病害生物以及栖所之类。这些环境因子主要是影响动物种群的生存和生殖。当这些关系弄清楚了以后，才能知道该动物的分布和密度。从分布方面来看，动物种群多是聚集的、不均匀的，以致大多数的研究对象只是一些局部的种群。从数量方面来看，所谓“平衡”（balance)、“稳定状态”（steady states)、“平衡密度”（equilibrium densities）或“最高限度”（ultimate limits)，事实上，它们都是不切实际的理论数量，极难确定。自然界中的动物种群的数量，通常受三个方面的限制：一是物质资源，如食物、栖所等的短缺；二是动物个体本身对物质资源的争取，力有未逮；三是当增加率（r）正在上升，而时不我与。三者之中的最后一个最重要，而第一个最不重要。因此，增加率的波动是受气候为主要控制的，其他捕食者和另外的环境因子是次要的。他们研究的主要对象是昆虫，对实际观测的数据非常重视。这一理论对机场及其周边地区昆虫的调查和种群的控制以及鸟类食物链的切断等都具有重要的实际意义。

埃利希和伯奇（P. R. Ehrlich and L. C. Birch，1967)，在一篇讨论“自然平衡和种群控制”的论文中，总结了密度无关说的论点。他们指出从种群密度波动来肯定自然平衡是不恰当的，因为密度无关因子，对种群生长的影响并不固定，所谓调整含有恒定反馈机制(homeostatic feed-back mechanism）的含义。环境从来就是不固定的，因此，动物种群的密度也没有恒定点。当环境因子对种群的短期生长增加或减少达到一定程度以后，野生动物个体数出现消长，少数个体能生存，或留下休眠卵，到下一次生长期再出现。因此，要知道动物种群密度波动的规律，至少应该注意以下几个方面：一是所有野生动物的种群密度都是经常变动的，从来就没有一个自然种群有过完全不折不扣的替换，即一个雄性体替换上一代的雄体；二是自然环境是经常改变的，日变、月变、季变、年变，而且继续不断；三是动物个体的自由运动，会导致种群结构的改变。因此，种群密度是一个理论数量，而不是直截了当的个体数；四是生态环境的改变，对种群密度的影响，随群内个体对本物种和异物种的个体，以及时间不同而不同。

第二节 密度有关说

密度有关因子，对种群密度的影响随密度的大小而异，即密度和影响成正比。当密度大时，有关因子的影响也大，因此，对种群的调整有恒定反馈作用。特别是当种群生长达到接近环境负载量后，这类因子总是和生物种之间的关系有关，如竞争、捕食、寄生和疾病等。

20世纪早期提倡生物学防除（biological control）方法。首先，使用可变的（facultative）和灾变的（catastrophic）相当于“人祸”和“天灾”等名词。如霍华德和菲斯克（L. O. Howard and W. F. Fiske，1911）认为，自然界中昆虫的密度，在自然条件下的存在是自然平衡的结果。如果要打破这个平衡，至少需要一个或多个可变的因子，来抑制昆虫的繁殖。真正有效的可变的因子是寄生现象（Parasitism）。同时，疾病和饥饿也十分有效，但是，在自然界中，这种情况并不普遍。

尼科尔森（A. J. Nicholson，1933）认为，气候可以改变动物种群的密度，但是，不能决定平衡的密度，控制种群密度的因子取决于种群密度本身，只有竞争（competition）才是真正的控制因子。在考虑种群密度时，必须把破坏和控制搞清楚。比如某些昆虫每代可以增加一百倍，那么99%的死亡率才能维持它的平衡。如果气候可以消灭它们的98%，它们仍然可以每代增加一倍。所以，气候不能控制这个增殖。如果此时有另外一个因子，如寄生虫是一个密度有关的因子，能消灭1%，这个寄生虫才是真正的控制因子。他认为，在自然界中，真正的控制因子是竞争，如食物竞争、栖所竞争、捕食竞争或寄生竞争等。

史密斯（H. S. Smith，1935）支持尼科尔森的论点，指出种群有稳定和继续改变的特征。不同物种的动物固然有平均密度的不同，同物种的动物在不同环境里，也有不同的平均密度。动物种群密度尽管有波动，但是，总有一个平均密度，很少有完全消灭或无限增殖的，大都有回复平均密度的倾向，这就是一般的比较松懈说法的所谓“自然平衡”。不过这个平衡密度，并不是固定不变的可以因时间，而有较大的变动。他还提出“密度有关”和“密度无关”来代替霍华德和菲斯克的“可变的”和“灾变的”因子。密度无关的因子不能决定平均密度，只有当死亡率线（death-rate）有倾斜时，种群的密度才达到平衡，而死亡率倾斜是与密度有关的。密度有关的因子主要是生命性的（biotic），如寄生现象（parasitism）、疾病（disease）、竞争（competition）和捕食（predation）。密度无关的因子主要是物理性的（physical）或无生命性的（abiotic），如自然气候（climate），而且有些气候因子，有时也像密度有关因子一样地影响动物的种群密度。如自然界的避难所是有限的，当种群密度超过了这些可以容纳的时候，那些无处可避的个体就会被严峻的气候消灭。

戴维·拉克（David. Lack，1954）也赞同尼科尔森的说法，他从鸟类研究来看种群的调整。他认为，有三个主要因子，即食物、捕食和疾病可以控制种群的密度，其中食物最重要。这是因为，一是鸟类成熟后很少死于被捕食或疾病；二是当食物充裕时，鸟类密度增加；三是鸟类的食性有显著的分化，同种的鸟类，可以觅食多种食物；四是鸟类多因食物而发生打斗。当鸟类种群密度增加，产卵率虽然稍有减低，但是，不是主要控制的原因，而是食物不足使幼鸟死亡率增高，控制了鸟类种群的密度，因此食物与密度没有密切的关系。

从这一研究的结果分析，在机场鸟击防灾过程中，只要注意切断鸟类食物链，同时，做好综合防治工作，就能有效地控制或减控鸟击灾害的发生，笔者多年的实践，也证明了这一点。

尼科尔森（1957）对铜绿蝇（*Lucilia cuprina*）的研究证明，动物种群内竞争（intraspecific competition）因密度增高而更加激烈，因而会控制动物的密度，使其达到平衡。他把这种昆虫养在实验室内，提供各种条件，如食物、水分和温度等都保持在一定的需求范围内，来观察昆虫的成虫和幼虫的密度变化（图 5－3）。他发现成虫的个体数有很大的波动，但是，这种波动有一定的时间规律。当成虫数很高的时候，由于产卵多，幼虫多，食物很快就被幼虫吃光了，没有一个幼虫能达到成虫阶段。当成虫数逐渐减少，产卵数也少，幼虫数量少到竞争食物的程度减低，有些幼虫可以发育到蛹阶段，最后，蜕化成产卵的成虫。在这个阶段，成虫的个体数量会继续减少，没有多少产卵，幼虫孵化后，食物充裕而很少产生竞争，于是大批的幼虫能顺利地发育成为成虫，个体数又会出现高峰。这样周而复始出现有规律的消长。实验获得的结果充分证明，食物量和个体数量也是成比例的（图 5－3）。研究人员为了进一步证明，昆虫的幼虫在竞争中，食物是控制种群密度波动的主要因子，他们利用糖分和水，来控制成虫的生命期。当个体数量增高时，少给糖分，而增加水分的供给，使成虫生命缩短；当个体数量减少时，多供给它们糖分，而减少水分的供给，成虫的生命现象正常。这样种群密度仍然出现有规则的波动，但是，成虫和幼虫的个体数，出现了增高的现象，从而达到了整个种群的动态平衡（图 5－4）。

在自然界中，动物的个体移出（emigration），也是密度有关的调整因子。动物学家金恩（J. A. King，1955），在观察草原犬鼠（*Cynomys ludovicionus*）时发现，在该种群密度高时，部分年龄较大的雌性个体，向外移出，成为小的群体，但是，种群中心部分的密度仍保持平衡状态。据研究，生活在北欧、北美极圈内的旅鼠（*Lemmus* sp.）的迁移也和动物种群密度有密切的关系。

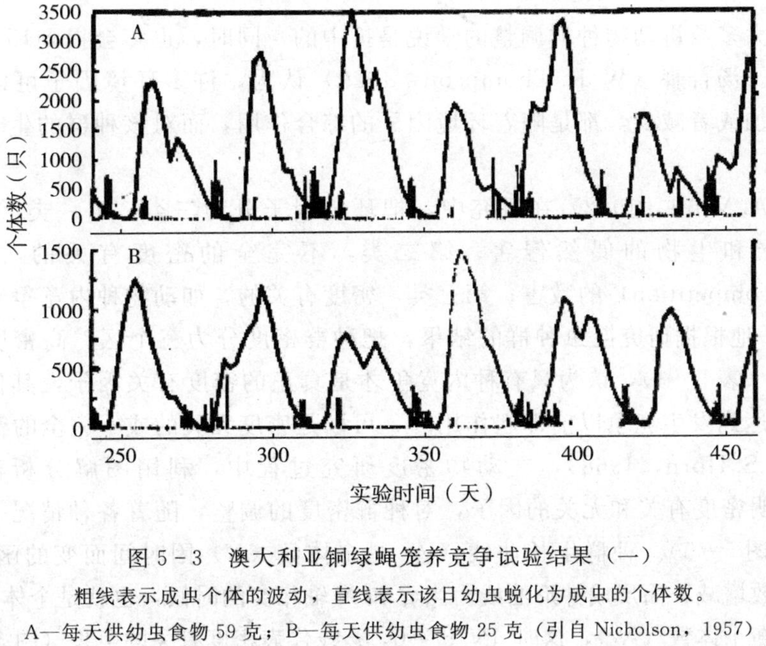

图 5－3　澳大利亚铜绿蝇笼养竞争试验结果（一）

粗线表示成虫个体的波动，直线表示该日幼虫蜕化为成虫的个体数。

A—每天供幼虫食物 59 克；B—每天供幼虫食物 25 克（引自 Nicholson，1957）

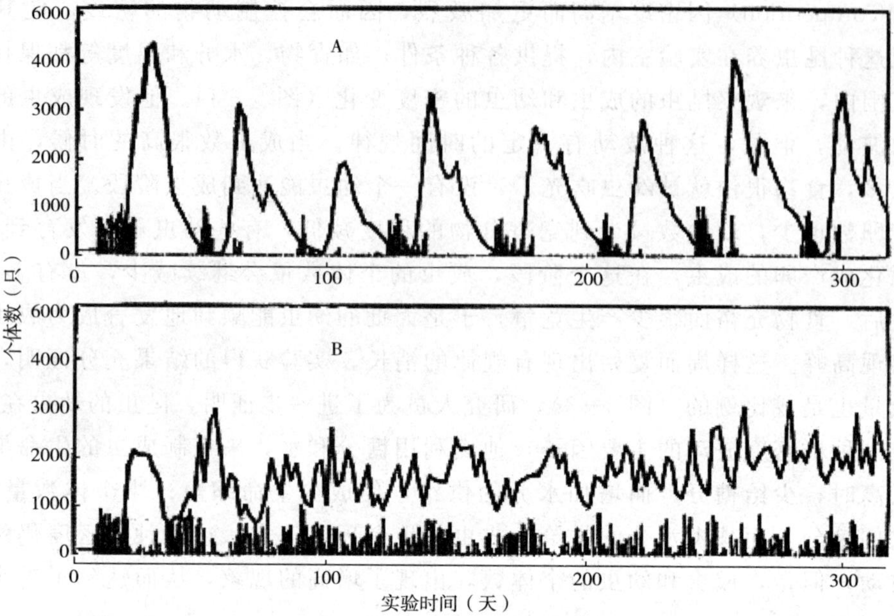

图 5-4　澳大利亚铜绿蝇笼养竞争试验结果（二）
A—无水供应，糖每天 2 克；B—无糖供应，水每天供应 2 毫升
每天供幼虫食物 25 克（引自 Nicholson，1957）

第三节　种群调整的折中学说

事实上，大多数讲动物种群调整的学说是折中的，同时，也多会提到环境、气候和生物等诸多因子。汤普森（W. R. Thompson，1929）认为，许多环境因子可以调整动物的种群，不论增加或者减少，都是随着环境因子的综合作用，而对该种群的生长产生有利或不利影响。

米尔恩（A. Milne，1962）在研究中，把环境因子分为三类：第一类，密度无关的，如物理的气候和生物的偶然侵害；第二类，不完全的密度有关的，如种间竞争（interspecific competition）的敌害；第三类，密度有关的，如动物种内竞争（intraspecific competition）。他根据研究昆虫种群的结果，把种群密度分为三个区：高密度区≫常密度区＞低密度区（表 5-1），认为只有种内竞争才是真正的密度有关因子，其他的因子是当种群密度没有达到发生竞争以前即起作用的，可以是密度无关的或不完全的密度有关的。

霍恩（H. S. Horn，1968），在动物密度研究过程中，利用图解分析法（graphical analysis），说明密度有关和无关的因子，对种群密度的调整，随着各种情况不同，其结果也会不一样（图 5-5）。种群生长曲线（g）是个体数（N）因时间而变的函数（dN/dt），由于种群个体数增减，而形成钟形曲线。当 g 和 N 轴相交的时候，也就是个体数达到平衡的时候，称为平衡个体数（Ne），这时 $dN/dt=0$，g 线代表密度有关的生长（图 5-5（a））。

表 5－1　米尔恩昆虫自然控制学说

高密度区	种群少有达到此区	消亡上限 因 C** 而达不到	↓ C 同 B 和 A（d）
常密度区	种群长期在此活动	↑ A（f）和 B（i）　↓ A（d）同 Bi	↑ A（f）和 B（i）　↓
低密度区	种群少有进入此区	消亡下限 因 A** 而达不到	↑ A（f）　↓ A（d）

（引自 Milne，1962）

注：在常密度区左边两个箭头表示种群密度在该地区内的波动，其幅度常有改变。右边两对箭头表示种群密度改变进入高密度或低密度区或回复到常密度区，其幅度也常有变更。影响这些变化的因子注明如下：A＝密度无关因子；A（r）＝A 有协助总影响；A（d）＝A 有抑制总影响；B＝不完全的密度有关因子，如起作用，都多少有抑制总影响；B（i）＝B 有不充分的抑制总影响；C＝完全的密度有关因子（种内竞争）。

* 如种群密度足够高的时候，C 即可使之回复到常密度区，但是，同时都是协同 B 和 A（d）而起作用。

** 从不发生，如地区不是太小或个体移动（移出/移入）没有制止。注意：C 在常密度区是不存在或不重要的；B 在低密度区也同。

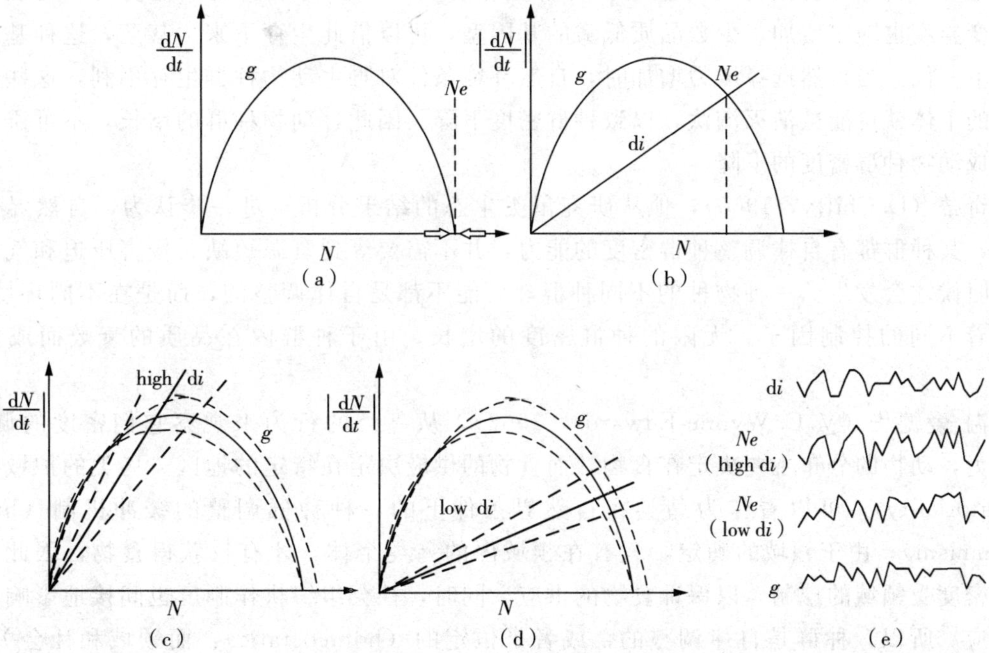

图 5－5　霍恩模式（Horn's model）（引自 Horn，1968）

在密度无关的情况下，dN/dt 应该和 N 呈直线相关，可以用 di 代表。当 di 和 g 相交时，Ne 即是密度无关因子决定的种群平衡个体数（图 5－5（b））。

当 g 和 di 都有波动时，也就是密度有关和密度无关的因子，都在影响种群生长的时候，Ne 也就随它们的交点来决定。密度无关的因子作用大时，也就是 high di，两线交点的波动幅度接近 g 的增长高峰，Ne 的波动比较和 di 的波动相符合（图 5－5（c））。

当密度无关的因子作用小时，也就是 low di，两线交点的波动接近 g 陡峭下降，Ne 的波动比较和 g 的波动相符合（图 5－5（d））。

如由随机数字表（table of random digits）决定 di 和 g 的同时波动曲线，在依上图找出相对的 Ne，就不难看出密度无关因子作用大时，Ne（high di）和 di 波动是基本一致的。反之，密度无关因子作用小时，Ne（low di）和 g 波动就会一致，也就是随着密度有关的因子而决定（图 5－5（e））。

第四节　自律调整说

自律调整，通常是指在种群生长达到资源短缺，而致因密度有关的调整作用以前，群内个体由于生理的和行为的改变，而控制种群的生长，这类调整又称为“内在的调整”（intrinsic regulation）和“外来的调整”（extrinsic regulation），这是相对的名词。

前面介绍的学说，一般多讨论外来的因子，也就是人们常说的外因，把动物个体当作机械式的单位，而忽略了动物个体本身在遗传基因方面的变异。种群内个体的变异，实际上是动物遗传和环境相互作用的结果。福德（E. B. Ford，1931）曾指出，当自然选择压力松弛时，自然环境条件对野生动物种群生存有利，种群内个体数量就会明显增加，同时，变异度也随之增加。少数品质低劣的基因型，可以借此生存下来。甚至，这种基因保留给下一代。当自然选择压力增加时，自然环境条件对野生动物种群生存不利，这些品质低劣的个体就可能被消灭淘汰，以致种群密度下降。因此，动物种群的增长，不可避免地会造成动物种群密度的下降。

奇蒂（D. Chitty，1960），他从研究鼠类生态的结果分析，进一步认为，自然界中的动物，其种群都有自律调整种群密度的能力，并不需要等到资源短缺、侵害压迫和气候恶劣的时候才会发生。一种物种的不同种群，可能不都是自律调整的，而是在不同环境中，存在着不同的控制因子。无限的种群密度的增长，由于种群内在品质的衰败而成为不可能。

温-爱德华（V. C. Wynne-Edwards，1962），从鸟类的行为来观察它们密度的调整，他认为，动物的分布主要决定在食物，而食物的供应决定在特定的地区。鸟类的护域行为（territoriality），可以看作为鸟类在自然界条件下的一种种群调整的缓冲机制（buffer mechanism），由于领域的确定，只有在领域内的鸟类个体，才有权获得食物，因此，种群的密度受领域的控制，以保证食物的供应。同时，社会组织耕作制度也间接地影响食物的供应。所以，种群是自律调整的，或者是恒定的（homeostatic），而领域和社会关系，可以看作对种群密度的反馈信号（feed-back information），以保证食物资源的不匮乏。

许多自律调整学说，大多根据鸟类和哺乳类动物的研究结果获得的，克雷布斯

（C. J. Krebs，1978）曾指出，动物种群自律调整的机制，可以是表现型的（phenotypic），也可能是基因型的（genotypic）。

一、表现型的机制

动物种群中每一个体，在一定的条件下，都具有相同的反应，有所谓的"一般适应证"（general adaptation syndrome）。当动物在长期持续的压力之下，由于它们的内分泌的反应，表现在生理和行为方面的影响，如过度刺激以致疲劳，影响肾上腺和脑下腺的分泌增多或减少，进而影响性腺，如卵巢和睾丸等。另一方面低血糖症（hypoglycemia）和其他所谓的休克病（shock diseases）等，这些都可以导致死亡。同时，这些也都可能影响种群密度的波动（Christian and Davis，1964）。

二、基因型的机制

自然选择对整个种群所做的微演化（microevolution），主要表现在群内基因库（gene pool）的改变，有点像所谓的"量变引起质变"。戴维·皮门特（David Pimentel，1961）曾提出"遗传反馈机制"（genetic feed-back mechanism）理论。他认为，在草食性动物和植物、捕食者及被捕食者、寄生和寄主，以及两个互相竞争物种之间的关系中，被吃掉的、被剥削的和被打倒的，都是长期受到压迫和祸害，如果没有完全被消灭，必然有些可以生存下去；或大量生殖后代，以补充大量死亡（图 5 - 6）；或者在生存过程中，逐渐增加抵抗力，以减少寄生的可能；或者另得发展，以减少遭遇的概率等。经过了相当长的时期，或者数代甚至数十代的时间以后，相对种群之间互相影响，表现出各个种群密度的波动，事实上这就是各个动物种群中，基因频率逐渐改变的结果。

图 5 - 6　深海鱼群

注：受环境和过度捕捞的影响，自然界的鱼类体型变小，性成熟提前，产卵量增加，以补充种群的延续。

第六章 分布和散布

动物的分布和散布，在一般用语中似乎是一个同义词，但是，在种群生态学中，它们是有所区别的。分布（dispersion）一般是指种群内个体在它们生活空间中的位置状态；散布（dispersal）通常是指种群个体运动的情况。就个体和空间的关系来说，前者是静态的，后者是动态的。二者对种群的结构和行为都是非常重要。

第一节 分布的类型

种群中个体的分布，通常可以分为三种类型，即随机分布（random dispersion）、均匀分布（uniform dispersion）和聚集分布（aggregated dispersion），见图 6-1。

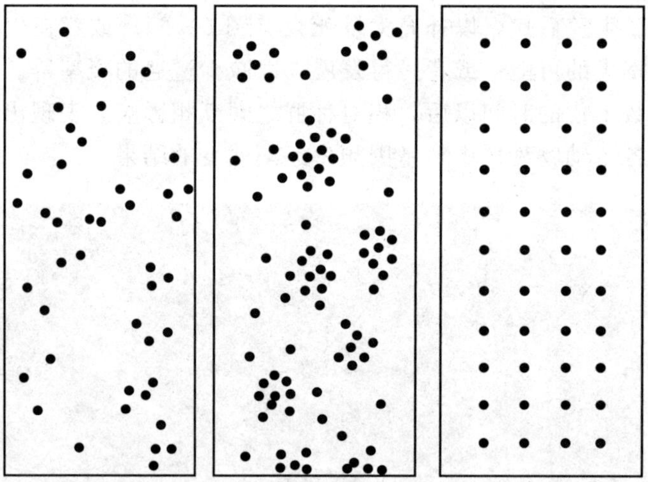

图 6-1 随机的、聚集的和均匀的三种分布类型（仿丁岩钦，1994）

一、随机分布型

所谓的“随机”分布，就是跟随机会，动物个体分布不规则，每一个体在种群领域中，某一点的出现率是随机的。这种分布形式在自然环境中，一般是很少见的。如果要符合这个条件，野生动物栖息的环境和该动物种群的生活资源都要是比较均匀，而且各年龄组合性别的行为，也没有多大的差别。然而，在事实上，在实验控制的情况下，才有可能做到，动物在自然界中，几乎没有随机分布的形成条件。

二、均匀分布型

动物个体在种群领域中，做有规则的分布（regular dispersion），彼此保持一定的距离。这现象在自然状态下是常见的。尤其是在繁殖季节，如海岸悬崖上的海鸥（*Larus canus*）、人工林中繁殖的夜鹭（*Nycticorax nycticorax*）等鸟类，它们很均匀地雌雄成对分布营巢。

上述两种群在繁殖季节，雌雄鸟成对均匀分布营巢，在适宜的生态位进行营巢，其分布较为均匀。

三、聚集分布型

在自然界中，最常见的一种是密集成群，如鱼群、鸟群、兽群等，多因在一定的空间和时间中，环境因子或自然资源的供应，最适宜它们的生活。同时，又因为社会行为的结果，有利于它们的生存和繁殖，这样动物个体聚集在一起，并且它们之间保持相当的距离，以维持彼此之间的生活所需的平衡。

第二节　散布的类型

在自然界中，野生动物散布通常受到季节、年龄、环境资源等综合因素的影响，表现为移出（emigration）、回归（homing）和回移（migration）等，从而产生以下几种类型。

一、无散布

动物多是安土重迁的，在非万不得已的情况下，它们多趋保守，不向外发展，如果环境不恶化，可满足它们的基本需要，有比较稳定的食物来源，有较好的栖息环境，有传宗接代的配偶，它们也就无须他去，更不会轻易离开栖息地。此类动物一般多为活动力小或缺乏自卫能力，离开本群就有被消灭或被猎杀的可能。

二、偶然的散布

野生动物散布的目的一般是谋发展及寻求新的生存空间，实际上这是一种求生的行为，但是，有些散布并非如此。在约翰逊（C. G. Johnson，1969）的研究中，一种橄榄果蝇（*Dacus deae*），原来是生活在果园内的，经过有效放射磷^{32}P的追踪，发现在24小时内，它们向山坡和附近平原散布，远达2.5km，10天以后4.3km。有些徘徊在它们蜕化地数十米、数百米范围内。这些远走的大多数是体型比较幼小的，这些幼小动物的散布，也有可能是受风向气流的影响，加上它们早晚活动时间恰好和上升的气流碰上，因而随着风飘向远方。

三、内变的散布

散布行为和内外因素有直接关系，而内变的因子（endogenous factors）尤其重要。如觅食、求偶、生殖、发育、避敌、拥挤、缺氧、污染等，通常都是种群内部密度增加而发生的问题。有些散布的个体，在遗传特性方面似乎与不散布的种群有所不同。C.J·克雷布斯和他的学生，在20世纪70年代初，研究田鼠（*Microtus*）的散布，利用电泳分析法（electrophoretical analysis），测定散布个体和居留个体的基因型和它们的比例，发现其中移转酶（transferin）的比例有显著的不同。散布个体中以异合子型（heterozygotes）最多，而居留个体中以同合子型（homozygotes）为多（图6－2）。

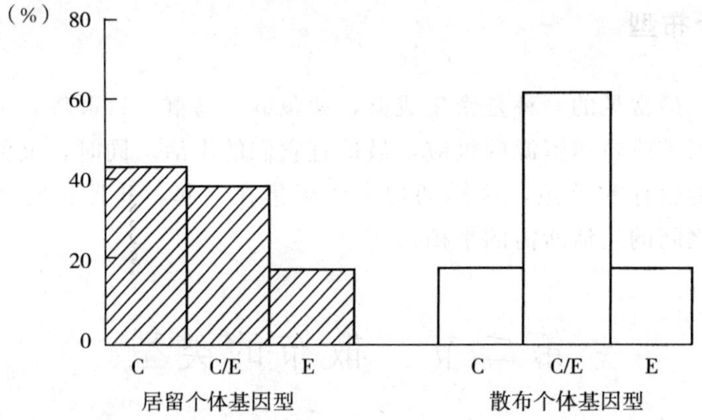

图6－2　田鼠移转酶基因型在居留个体中和散布个体中的分布比较

（引自 C. J. Krebs et al.，1973）

从现有的研究资料分析，动物的社会行为，也是一个内变的因素，猕猴（*Macaca mulatta*）原来是成群居住，而且具有社会组织的特性，但是，在它们的生殖季节，为首的雄性猕猴多霸占交配机会，阻止属下雄猴交配。许多雄猴因此向外散布，加入其他猕猴组织。每年交配季节，大约有36～40天，猕猴之间有交换雄猴现象。过了这段时期，这些外出找机会的雄猴，又会陆续回到原来的种群中来。这种现象称为交换回移（exchange migration），这种现象对减少群内交配（inbreeding）和基因流传（gene flow）等，具有很重要的意义（D. G. Lindburg，1969）。

第三节　散布的障碍

在自然界中，有许多动物活动力比较大，但是，却有些没有散布的现象。埃利希（P.R. Ehrlich，1961，1965）在研究中发现，加州长绿灌木林内的棋点蝴蝶（*Euphydryas editha*），没有离开原来生活地区而散布到其他地区的现象。经过多年的观察，发现散布行为和生殖选择有很大关系。原来雄性蝴蝶终生只交配一次，交配后永不再交配。雄蝶如散布到其他地方，将难找到未曾交配过的雌性蝴蝶。而且它们的食物，在飞行期内的后期逐渐干枯。后期交配产卵孵出的幼虫，或从其他地方移来的雌蝶，都难得到足够的食物而进入夏眠期，以致饿死。所以，各种条件对游移的成虫都不利，散布是少见的（图 6－3）。

图 6－3 蝴蝶结群活动的小檗绢粉蝶（*Aporia hippia*）

第七章 种群的领域

第一节 活动范围，回归和回移

在自然界中，野生动物的活动范围并非仅在自己的领土，而是动物经常活动的区域，外来动物如进入并不一定抵抗。但是，其中心范围却和领土一样，外来动物如侵入，该动物将加以阻止而发生打斗。回归（homing）是动物移住他处后，又回到原来出生的地方，这种现象和社会结构与生殖等有关。一个没有个体移动的种群，缺乏基因多样性，局限在小范围内多受群内交配的影响，将减低种群对环境改变的适应力。故活动范围的大小和回归的现象，对动物种群长期的演化具有重要的现实意义。

在自然条件下，野生动物活动范围的大小，决定动物个体的运动能力，当然，这与环境因素也有很大的关系，如食物来源、季节变更、动物本身的年龄和行为，都可能影响种群的活动，决定群内个体的分布和散布，进而促成种群内和种群间遗传基因的突变（mutation）、变异（variation）和重组（recombination），这对动物种群演化有很重要的作用。

戈达德（J. Goddard，1967），研究了坦桑尼亚两个黑犀牛（*Diceros bicornis*）种群，发现未成年的个体活动范围较大，其中，尤其以雄性个体活动范围最大，雌性个体相对比较小，成年雌性个体又次之。成年雄性个体最懒，它们的活动范围一般只有 6～8km^2。因为成年雄性个体最强壮，能有效地保护着其领地，把其他个体赶到较远的地方去谋生。

桡足类甲壳动物（*Gaetanus armiger*）的垂直运动，也随性发育龄期（instar）而不同。成年雌性个体每天上下垂直游动 100 米左右。幼体多停留在水面下 100 米左右的扩散层（scattering layer），较后期的幼体逐渐增加游泳能力，扩大垂直游动的幅度。但是，雄性个体却一直躲在深水层，从不上游。原因是它们只在繁殖季节才出现，靠上层水域沉降下来的尸体和排泄物所产生的细菌为食，其生命的目的只有繁殖后代而已（Shan，1962）。

回归可以说是控制散布的一个方式，对调整种群内部结构有很大的作用。日本弓背蚁（*Camponotus japonicus*）种群的维持有待工蚁搬运食物回巢，否则，它们就没有其社会结构。回归主要是化学和物理刺激，以及由视觉控制的。蚂蚁能分泌特有的信息素（pheromone），来指示其他同群的个体沿着比较固定的路线来回。蜜蜂（*Apis mellifera*）用接触、运动和视觉看标记辨识途径，可到距离巢较远的地方活动，并以太阳的位置和明显的固定物做标记。有些动物如蟾蜍（*Bufo bufo*）和乌龟（*Chinemys reevesii*），它们主要靠视觉记忆路途。

回移（migration）（洄游一般多指水域生物，如鱼类、虾等；而迁徙，多指陆生动物，如鸟类等），是野生动物定期沿一定路线的长途运动。有关野生动物在这方面的研究很多，而且多采用比较先进的研究手段，如飞行跟踪、雷达检测、卫星定位等。许多野生动物如鱼类、鸟类、哺乳类等的回移，对自然资源保护与利用都具有很重要的现实意义。

研究动物的回移多用标记法（tagging），通常是在动物身上做记号，挂牌子，使用放射性追踪子（radioactive tracer）等，甚至给被研究的动物身上装上发讯器（radio transmitter），定期捕捉、观察、追踪等（Southwood，1966）。

这方面的例子很多，鱼类中如太平洋鲑鱼（salmon），两栖类如蝾螈（salamander），爬行类如海龟（*Chelonia mydas*），鸟类如雁（*Anser cygnoides*）、丹顶鹤，哺乳类如鲸（*Balaenoptera physalus*）、角马（*Connochaetes*）等动物，都是一些典型的例子。这些野生动物回移行为的目的，不外乎是为了食物，受气候、内分泌和繁殖等影响，为此，它们需要做长途的往返回移迁徙。野生动物的种群活动受环境影响很大，如海流、海况、气流、风向、季节、地形及温度等，而有半球回移和两极回移等（图 7－1）。

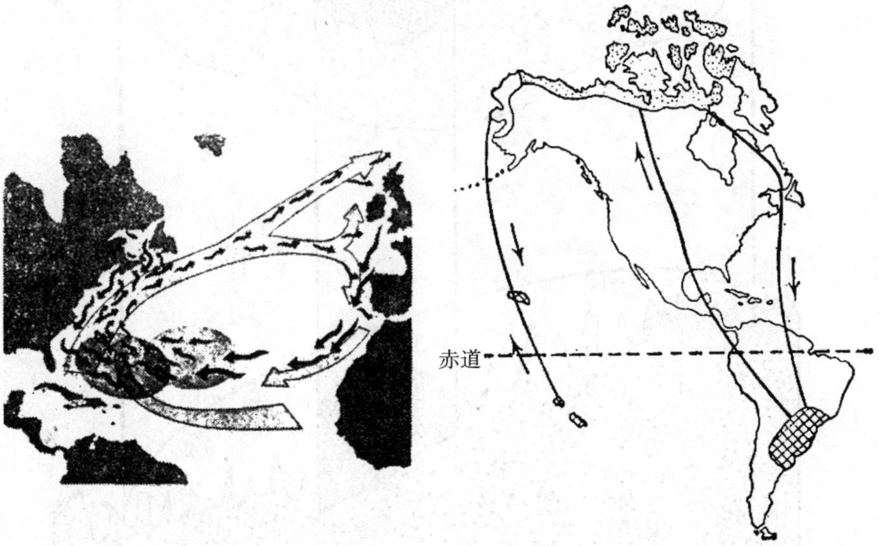

A　　　　　　　　B

图 7－1　半球回移和两极回移（仿自 Ommanney，1963；Tortora and Becker，1978）

A—北大西洋淡水鳝鱼的半球回移；B—黄鹂的两极回移

图例：冬季分布区、大西洋黄鹂（*Oriolus oriolus*）繁殖区

太平洋黄鹂繁殖区（引自 Tortora and Becker，1978）

第二节　护域行为

在大自然界中，除了一些居无定所、浮游性的和生命周期极短的野生动物外，大多数的动物都或多或少有它们一定的活动范围，其中包括可供食物的场所、栖息地以及进行其他活动的区域。野生动物的护域行为，归纳起来有以下几个方面。

一、社会空间和领域

动物学家威尔逊（E. O. Wilson，1975），把社会空间（social spacing）和领域（territory）做以下分类：

（一）全领域（total range）

通常情况下，指一个动物在有生之年内，其全部活动的区域（图 7－2）。

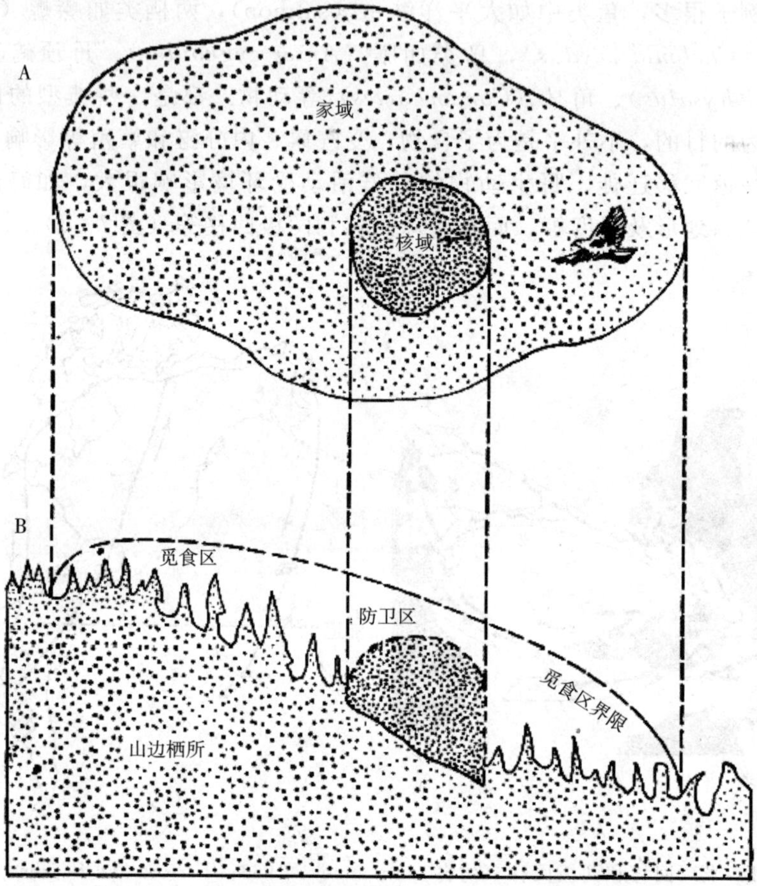

图 7－2　动物领域的简单模式（引自 Emmel，1977）

（二）家域（home range）

一个动物熟知和习惯上巡游的区域，有时和活动范围一样。但是，一般情况下，是指它的觅食、守望、捕猎、嗅味站（scent post）和紧急躲避处（emergency retreat）等。

（三）核域（core area）

在家域之内有一部分野生动物，经常使用的区域，如“大圈内有个小圈圈，小圈圈内又有个黄圈圈，为首的动物一般就住在这个黄圈圈里面”。这种黄圈圈，即核域，该域内的食物最丰富，天敌最少，是最安全的区域。动物的护域行为及运动活动区域的划分，有助于人们研究动物个体与个体之间、种群与种群之间的相互有关的行为。同时，这一研究对机场及其周边地区鸟击防范也有重要的现实意义。

(四) 领域 (territory)

一个或一群动物所占据的区域，这一区域对其他动物个体或群体，有拒斥的行为。领域不一定就是领土，比较恰当的词应是占领空间（occupied space）。野生动物保卫其领域，具有时空性（spatio-temporal）。护卫领域的行为只是在某时、某地、某动物和它们的对手发生互斥行为（mutual repulsion）的领域。

(五) 个体距离 (individual distance) 或社会距离 (social distance)

野生动物的个体距离和分布相同，指动物种群内个体间的最小距离。

(六) 逃遁距离 (flight distance)

这个距离，通常是指动物开始逃避（跑）捕食者的最小距离。最常见的情形是，在机场观鸟人员目视一只乌鸦，而被目视到的这只乌鸦也对着人看，当人停止前进时，乌鸦不会飞走，如人一直移动脚步，乌鸦就会飞走时的这段距离。掌握这一距离对机场驱鸟设备的安装、布局具有重要的现实意义。

二、护域行为的例证和方法

蜻蜓（*Anax imperator*）一般巡游在其产卵的池塘附近，以驱逐其他同类的侵入；红翅黑鸟（*Agelaius phoeniceus*），在其活动区域内，驱赶其他同类或有相同需求的鸟类。许多猛禽也有这方面的行为，这些在自然界都是很好的例子。

通常情况下，自然界中的鸟类、和昆虫都可以发出识别声音（recognition vocal signal），发出这种声音，主要是与同类进行信息沟通，这种沟通除了达到求偶目的外，还表示它们的存在、需求及直接或间接达到拒斥的目的。

哺乳类动物中的狼（*Canis lupus*）、狗（*Canis familiaris*）和猫（*Feis silvestris*），都有嗅味站，而且很多是重复的。不同的猫可以在同一地点，但在不同时间，留下嗅味。它们可以由气味的浓淡，彼此辨识对方在该处出现的时间和次数。

苹果蛆蝇（*Rhagoletis pomonella*），在苹果表皮产卵后，一定用它们腹部的腺体分泌一种信息素在苹果的外皮上，以阻止其他蛆蝇在同一果子上产卵。这种信息素至少可以存留四天左右，让它的卵有充分的时间发育，这样就不怕其他蛆蝇再产卵了（Bush，1968）。

动物的护域行为，通常有四种方式：一是公开的斗争；二是警告的拒斥；三是个体形式和发育形体的分化，以争取时间和空间，对资源的利用；四是个体分散在种群全领域内，经由随机的效果向外扩张散布。在上述四种护域行为中，前两种行为可以说是直接的战术性的护域行为，在野外特别明显，后两种可以说是基本的战略性的护域行为。这些都可以在以下所述的竞争行为中，找到具体的事例。

三、护域行为的形成

野生动物的领域必须要够大，只有比较大的领域，才能供应足够的物质和能量，维持该动物的生存。但是，也不能太大，太大了会超过该动物的能力范围，否则，不但不能有效地保卫它，反而削弱了保卫能力，造成了“鞭长莫及”局面，给同种或异种对手有机可乘，而失去已有的领域。

动物学家史密斯（C. C. Smith，1968），研究认为松鼠（*Tamiasciurus*）的领域大小和它全年能量的需要成正比。如以单位面积产量为标准，则产量和领域大小成反比。

另外，动物学家S. A·奥尔特曼和小奥尔特曼（S. A. Altman and J. Altman，1970）在研究黄狒狒（*Cynocephalus babuin*）中发现，该动物每天活动有显著的规律，早上它们从睡眠的树上下来以后，就去水塘里喝水，然后，分布在领域中觅食或巡逻。其领域范围以日中的时候最大，最后，它们又回到睡眠区域的树上。全群活动范围以足够支持它们生活的需要为准，领域范围内的食物产量与全群需要的食物成正比例（图7-3）。

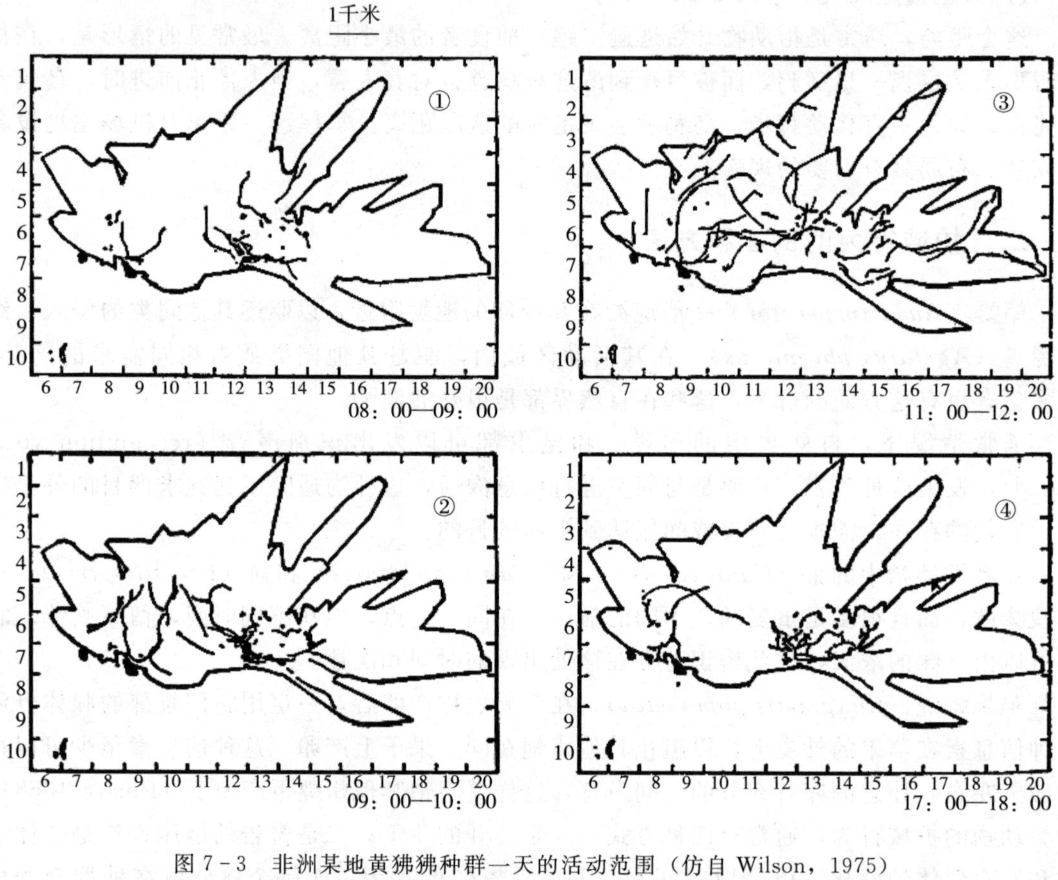

图7-3　非洲某地黄狒狒种群一天的活动范围（仿自Wilson，1975）

一群黄狒狒在某天不同时间内的活动情形：外缘实线表示家域范围，其中细线表示活动路线；左方的黑点为长期饮水池。

这些资料导致“适量产品学说”（optimum-yield hypothesis）：

$$A=aW^{b} \qquad (7-1)$$

式中　A——全领域；

W——动物体重；

a和b——常数。

这个公式是说全领域的大小，随动物的体重而变化。a 和 b 是环境常数。

另外一个公式

$$E=CM$$

式中 E——能量使用率；

M——动物代谢率；

C——常数。

因为动物代谢率（M）和动物体重（W）是成比例的，所以 $M=\alpha W^{\beta}$，其中 α 和 β 为环境常数。

因此，全领域的大小和动物代谢率，也就是能量需要成比例。

动物学家许纳（T. W. Schoener，1968）更进一步证明，不但全领域和动物个体体重成比例，而且食物的品质对回归直线（regression line）的斜度，也有显著的不同。肉食性动物的斜度最大，以草食性为主的动物其斜度最小，杂食性动物的居中（图 7－4）。

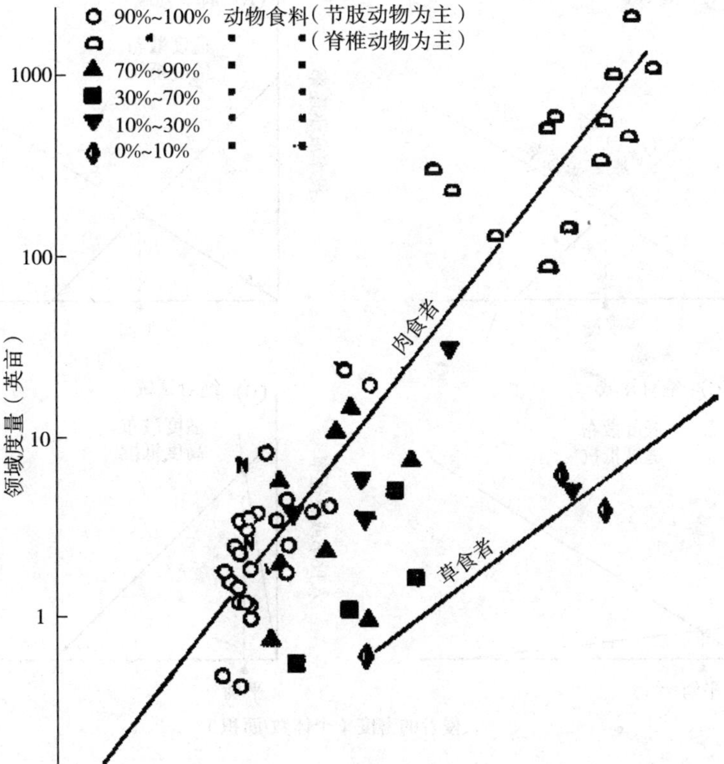

图 7－4 各种食性的鸟类体重和领域数量的关系

适量产品学说者认为，当捕食者长大一点的时候，原有领域内的被捕食者将逐渐减少，使它们不得不为生存扩大它们的领域，以得到适量的能源，这和食物角锥（food pyramid）的原理是一致的。

许纳（Schoener，1971）曾将动物护域行为数量化，从入侵者的密度、领域周长、防范巡视率、驱逐可能率以及侵入者停留的时间等关系，采用如下的方式表示：

$$入侵率=领域周长\times常数\times\left(1-\frac{侵入者的密度}{侵入者的最大密度}\right) \qquad (7-2)$$

$$侵入者的密度=\frac{侵入者的个体数}{领域面积} \qquad (7-3)$$

$$抗拒率=防御巡视率\times驱逐可能率\times\frac{侵入者密度}{侵入者停留时间} \qquad (7-4)$$

如以图解表示，则当入侵率和抗拒率达到平衡的时候，即侵略行为和护域行为达到平衡的时候，可以由上述实际的数量关系表示这两种行为的强度（图 7-5）。

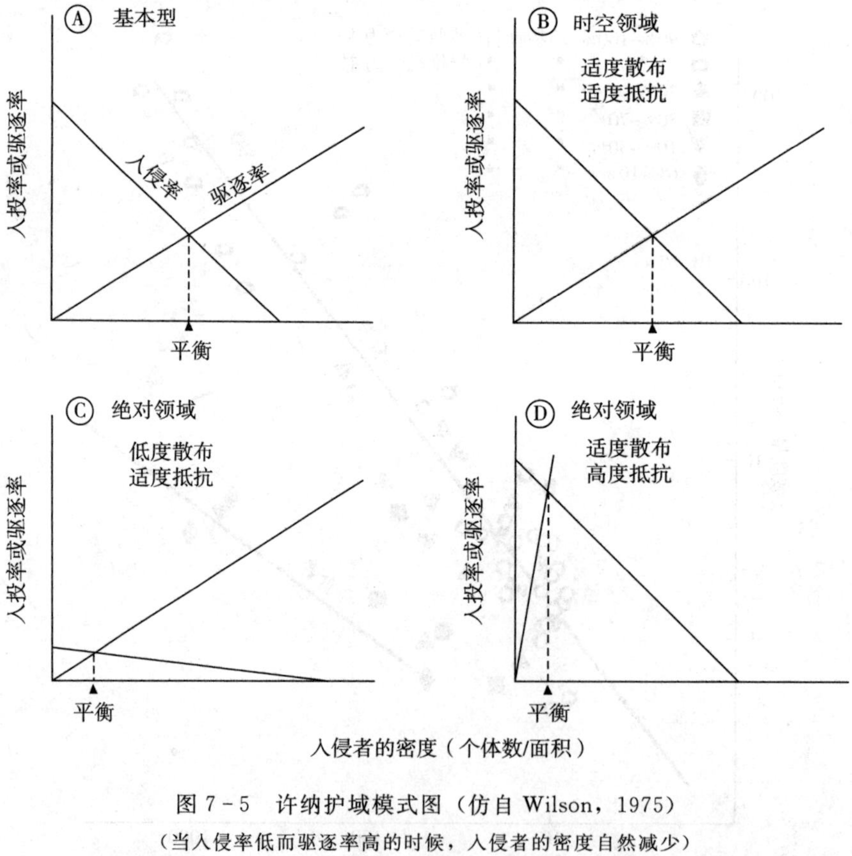

图 7-5 许纳护域模式图（仿自 Wilson，1975）

（当入侵率低而驱逐率高的时候，入侵者的密度自然减少）

克鲁克（J. H. Crook，1972）明确指出，动物种群的密度和它的领域大小，取决于能量预算（energy budget），当领域内可用能量源产量和种群所需能量的增加或减少，达到基本平衡的时候，动物种群的密度也达到平衡状态（图 7-6）。

动物护域行为研究充分说明，动物种群在自然界中，最适（或平衡）的种群密度（$\hat{N}$），

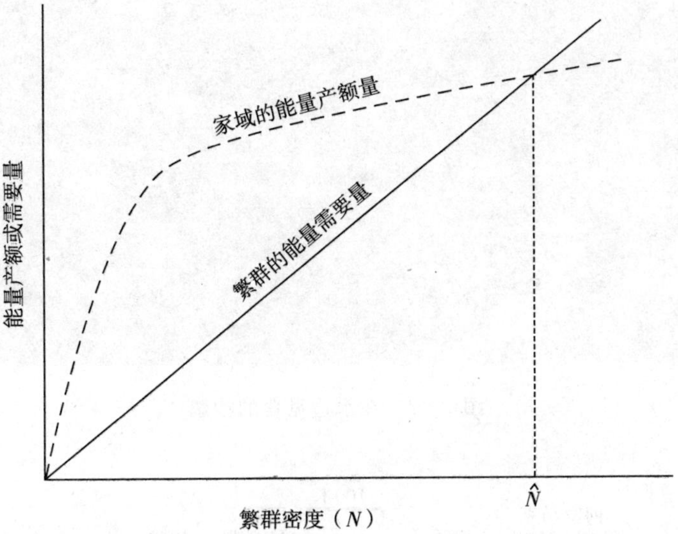

图 7-6 最适合动物种群密度和能量关系（仿自 Wilson，1975）

是由该群的能量需要量和家域的能量产额量决定。在动物种群生态学的研究中，动物的种群密度与能量的需求量，以及家域大小的研究，对机场及周边地区鸟击防范措施的制定和综合治理工作，具有重要的现实意义。

第三节 领域特征

野生动物的护域行为，不仅是指抗拒侵入者，而所谓领域有时也不仅是指受防御的空间，其中有很大的伸缩性。从野生动物的个体来说，依据它们的年龄、性别和生理状况等因素，促使护域行为有所不同。从种群整体来说，依据季节、年龄组别以及环境情况而定，从实践看，一般讨论野生动物的护域行为有以下几个特征。

一、弹性地盘（elastic disc）

在自然界中，野生动物的领域具有伸缩性，当种群密度大的时候，动物个体领域周围密接，彼此在各自的范围内生活。鸟类学家霍姆斯（R. T. Holmes，1970），在阿拉斯加研究了一种叫沙鹬（*Calidris alpina*）的鸟类（图 7-7），它们在北纬 61°附近的科罗马克（Kolomak）地区，这个地方的食物来源比较丰富，且很稳定，该鸟的种群密度是每公顷 30 对左右。但是，在北纬 71°的巴罗（Barrow）地区，食物来源不稳定，而且季度也比较短，该鸟的密度为每公顷 6 对左右，并且它们之间的领域是密接的。生活在巴罗地区的沙鹬领域较大、密度较小，主要是因为它们需要较大的地盘提供食物（图 7-8）。特别值得一提的是，这一地区的沙鹬，每天觅食的强度比食源丰富地区的沙鹬增加 32%左右，成鸟体内的脂肪比食源丰富地区的同类成鸟少 2.3%左右。

图 7－7　在水边觅食的沙鹬

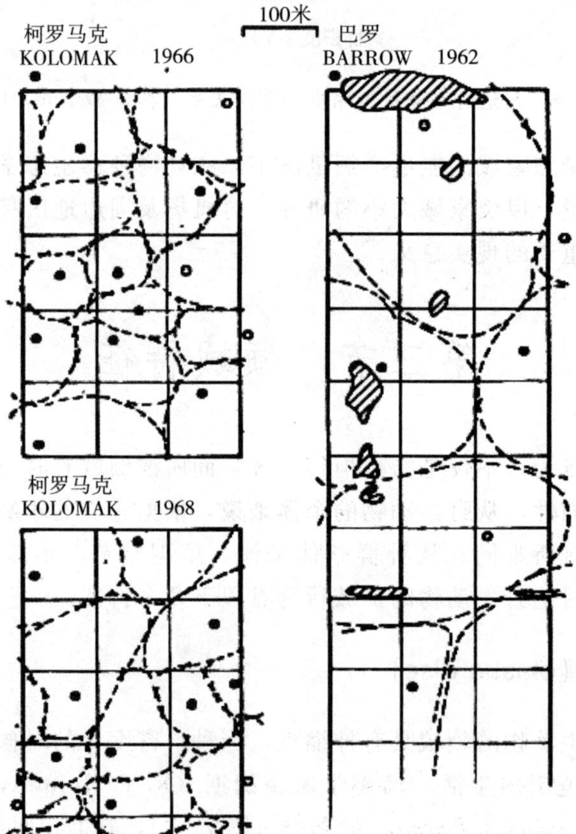

图 7－8　弹性地盘（仿自 Wilson，1975）

注：阿拉斯加两地生活的一种沙鹬，个体领域大小相比较。在巴罗地区的种群密度，约为科罗马克地区的 20%，因此，该地区个体的领域也约为后者的五倍大。图中的实点为沙鹬巢的位置，空点为未发现的巢址（引自 Wilson，1975）

二、无敌中心（invincible center）

在自然条件下，除非动物力有未逮，或因伤病等因素的限制，它们所栖居的附近，如果受到外来的压力，一定会不顾一切地奋战到底，绝不会退让，直到取胜为止。一般同类动物彼此都互相尊重这个核心区域，因而它们彼此间也相安无事。

三、多角边界（polygonal boundaries）

从二度平面来看，圆周在互相交接的压力下，最后成为等边六角形。最好的例子是蜂巢和昆虫的复眼。但是，动物领域边界受环境因素的影响，并不如理论的规则，而多少成为不规则的多边形。例如罗非鱼（*Tilapia mossambica*）（也称非洲鲫鱼含幼鱼）的分布，即是一个很好的例子。

四、敌友之辨（dear enemy phenomenon）

在自然界中野生动物的“邻居”并不一定总是敌人，有时，在利害权衡之下，彼此和平共存，而有互相警戒的好处，所谓“唇齿相依”“唇亡齿寒”。这种关系在动物种群中，至少有三个可能促成的因素。

（一）习惯性（habituation）

动物个体外的个体出现多次以后，彼此间没有敌意并熟悉后，它们相互承认对方的存在。有趣的是，野生动物之间，它们也有一种人类的“不打不相识”“英雄识英雄”等类似的行为。

（二）趋同性（convergence）

在同一生态环境之下，动物个体彼此的行为逐渐调和相同，如信号、语音、活动节律，彼此互相识别，逐渐在行为方面也会慢慢地协调起来。在自然环境条件下，许多鸟类都会产生趋同性行为，如美洲红鸟（*Pyrrhuloxia sinuata*）在不同地区因环境的不同，它们会发出不同的鸣叫声，类似学说本地的方言，与其他动物或同类进行有效的沟通，出现不同种群的趋同性现象

（三）容忍性（tolerance）

在自然界，不是所有动物一见面就会争斗，也有相互间容忍的，如野生的雄性非洲角马（*Wildebeest*）和鹿鼠（*Peromyscus*），对它们附近的雄性个体，有互相打招呼的行为，而对后侵入的陌生雄性个体会有打斗的行为发生。

五、发育变动

斯蒂芬斯基（R. A. Stefanski，1967）研究发现，黑顶荏雀（*Parus atricapillus*）在生殖季节的领域伸缩性很大，依据它们的生长发育过程，可将其分为：巢前期（prenesting）、营巢期（nesting）、产卵期（egg-laying）、孵卵期（incubating）、离巢雏期（nestling）和飞翔期（fledgling）等。它们的领域在营巢期最大，而在孵卵期最小（图 7－9）。

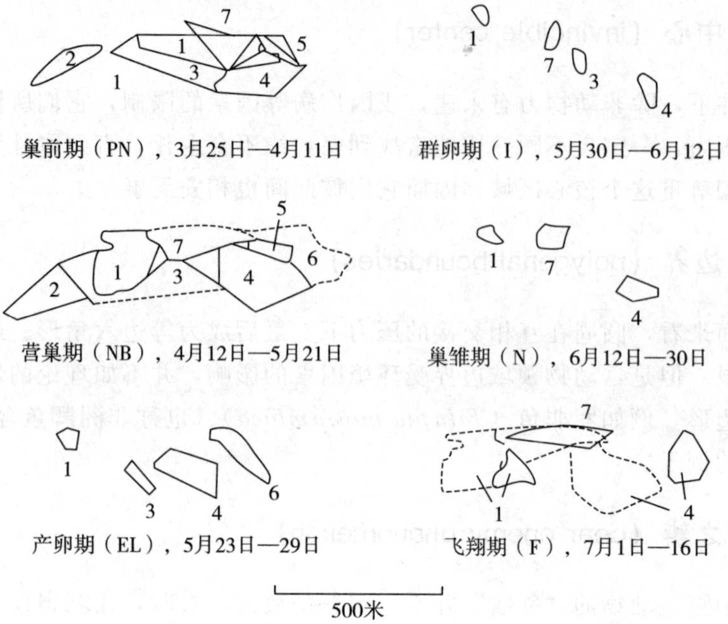

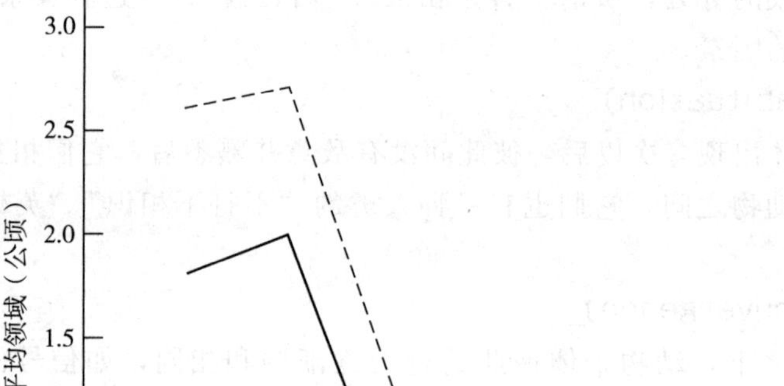

图 7－9　黑顶荏雀在营巢周期中的领域变动（仿自 Wilson，1975）

注：上图各图中的实线表示领域大小，其中，黑点表示巢址；下图表示各阶段时期平均领域数量的变动。

六、游移填补（floater replacement）

在自然条件下，当固有个体被移去后，它们的领域随即被邻居占去，或由后来迁入者补入。这一现象是很容易理解的，因为领域供给空间和能源，在自然环境中，一般是很少被浪费的。克雷布斯（J. R. Krebs，1971）研究了大山雀（*Parus major*）的领域，发现在一个已经稳定的区域内，移去 6 对大山雀，3 天以后，该区内领域的分布即发生变化，有的扩大了一点区域，另外，又从外面迁入了 4 对（图 7－10）。

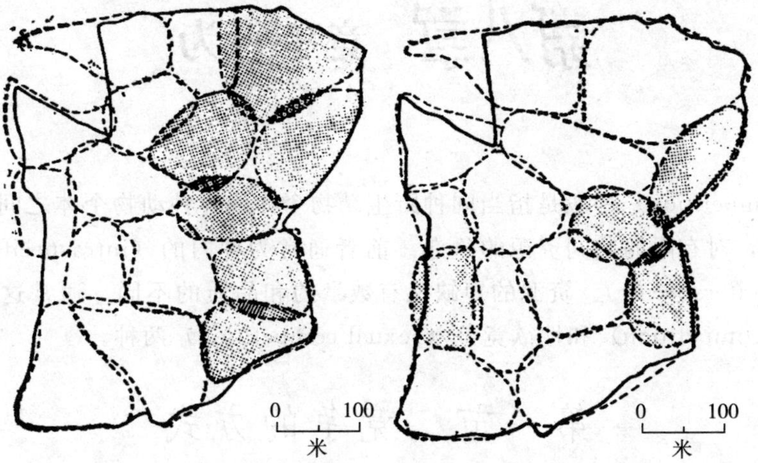

图 7－10 大山雀游移填补（仿自 Wilson，1975）

注：当原有的大山雀被移走后，它们的领域即被其他无领域的或附近的鸟类占去了。左图中阴影部分表示 6 对大山雀被移去，3 天后的分布情形如右图。除原有的扩充了它们的领域外，另加入进来 4 对新的“家庭”。

第八章 竞争行为

竞争（competition）一般是指当同种野生动物个体或异种动物个体之间，在生存方面有相同的需要，对有限的共同资源的争夺。前者通常为种内的（intraspecific），后者一般多指种间的（interspecific）。资源的短缺又有数量的和品质的不同。通常这里是指资源竞争（resource competition）和性欲竞争（sexual competition）两种。

第一节 竞争的方式

在自然界中，野生动物的竞争形式较多，但是，主要的竞争方式可归纳为两大类，即夺取式竞争（contest competition）和争取式竞争（scrambling competition）。

一、夺取式竞争

在自然条件下，野生动物为了生存，或需要较高品质的生存空间，竞争它们所要的，或者争夺优先使用需要的宝贵资源。竞争的结果是失败者什么都得不到，或者得到不足的或剩余的资源。这种竞争在动物界是非常普遍的一种现象，如两只狐狸（*Vulpes corsac*）争夺一只野鸡（*Phasianus colchicus*），只有一只能吃饱，另一只只好垂涎三尺。除非前者吃饱了，后者才能分尝一点。这一类的竞争常见于打斗（fighting）、自食其类（cannibalism）、争土（territorial dispute）、夺爱（courtship fighting）、支配（dominance）或霸权（hegemony）。因为胜利者削去了或减低了失败者的权利，故夺取式竞争又称为剥削竞争（exploitation competition）。上述这种竞争方式在灵长目（Primates）动物身上，表现得最为明显，特别是长臂猿科（Hylobatidae）动物，这种竞争尤为突出。

二、争取式竞争

野生动物同时对自然资源的争取，通常情况下，吃得快的多吃，吃的质量好，吃得慢的少吃，吃的质量较差，大家都有得吃。这种对资源争取的竞争，在资源丰富的时候，皆大欢喜。但是，在资源短缺的时候就不同了。如果许多昆虫的幼虫吃树叶子，把所有能吃的部分，都吃光了，其中，吃得快的，生长快的幼虫，都可以及时发育成虫蛹，进入下一个发育阶段，有没有叶子吃就无关紧要了。但是，那些吃得慢的，生长发育慢的，在没有树叶可食的时候，就只好饿死。也可能所有的幼虫，都不能达到成蛹的阶段，于是大家都饿死。这种竞争又叫干扰式竞争（interference competition）。

在上述竞争过程中，就整个动物种群，为了种族生存的长远目的来看，夺取式竞争中，竞争胜利者在自然选择的过程中有比较高的适应性，表现在能量利用率较高，这是它们取胜的优势。争取式竞争对个体的生存是有好处的，不论如何每个个体都有机会。但是，在自然选择的压力下，其结果并不是对每一个个体平均选择，虽然，不如前者那样激烈，其实它们的结果仍然是有所不同的。

第二节　竞争的性质

从研究动物竞争行为的结果分析，野生动物的竞争行为，通常有以下几方面的性质。

一、强烈的种间竞争

野生动物在种内和种间的竞争方式，尽管不尽相同，但是，它们的基本性质并没有什么不同。因此，人们在讨论野生动物竞争时，都以种间竞争为主，因为种间竞争是野生动物之间竞争最强烈的方式之一。

二、竞争的特定性

从研究野生动物的竞争资料分析，竞争行为就物种而言，通常多见于脊椎动物，少见于无脊椎动物；从食性来看，竞争行为多见于肉食性动物，少见于草食动物；就生态系统来说，多见于成熟的高峰期，少见于低潮期。因此，野生动物在自然条件下的竞争，具有重要的竞争特性。值得一提的是，在机场鸟击防范过程中，正确掌握动物的竞争特性，对减控有害生物具有重要的意义。

三、竞争与密度相关性

在自然条件下，不管是什么季节，在大多数情况下，野生动物的竞争都尽量避免面对面的遭遇，只有在不得已的时候，竞争才是激烈的。所以，野生动物之间的竞争是一个与密度有关的行为表现。

四、竞争的焦点

在自然界中，野生动物产生竞争的原因很多，而且比较复杂，但是，从野生动物的竞争频率、激烈程度以及这行为产生的最后结果看，它们竞争的主要目的还是为了食物。生存是它们竞争的动力，至于领域、栖所、阶级和配偶都是间接的或次要的，可谓“民以食为天”“鸟为食亡”。所以，野生动物竞争的焦点是食物。

第三节　竞争的结果

从研究野生动物的竞争行为分析，野生动物的竞争结果，通常有以下三个方面。

一、生态位分化

在自然环境条件下，因其资源有质量和数量的差异，野生动物的需要可以根据它们的差异幅度加以调整，于是产生了生态位分化。生态位分化以后，竞争的强度就会大大地减弱。因此，竞争的结果之一，就是产生生态位分化现象。

二、种群散布

从研究的结果分析，野生动物的竞争和密度有着密切的关系。因此，任何减低密度的方式，都可能减低竞争。其中，控制密度最主要的办法是散布（也称为种群扩散），也就是个体向外迁移。即竞争中的失败者，动物种群中的部分亚成体或种群中的进取者，它们常常带着部分个体，勇敢地向外另求得发展空间。

三、竞败者的调整

事实上，竞争由于遭遇而发生，但两败俱伤的情况很少发生，多数是胜败互见。竞争取胜一方，不必多说，它可以获得竞争所需要的一切。竞败者从生存的大局出发，必须在行为上加以调整，把生存作为第一要务（图 8－1）。如果不能及时调整，必然造成适应性失误而消亡。

图 8－1　失败的猴子向胜者俯首称臣

第四节　高斯原则

高斯（G. F. Gause，1953）在研究野生动物生境中，提出两个同小生境的物种不能永远并存，故称高斯原则，或称为竞争拒斥原则（principle of competitive exclusion）。高斯曾用两种酵母和两种草履虫（*Paramaecium aurelia*）做实验，来证明这个原则。草履虫的例子最为突出，也被人们广泛引用（图 8－2）。他先后分开培养双小核草履虫（*P. aurelia*）和大草履虫（*P. caudatum*），在实验过程中，给它们相同而定量的食物（细菌）。在完全相同的环境下，双小核草履虫，在开始的时候繁殖较慢，随着时间的推移，它们渐渐地达到最大的密度；而大草履虫，在开始的时候繁殖很快，而后它们逐渐地减少，乃至最后完全消失。

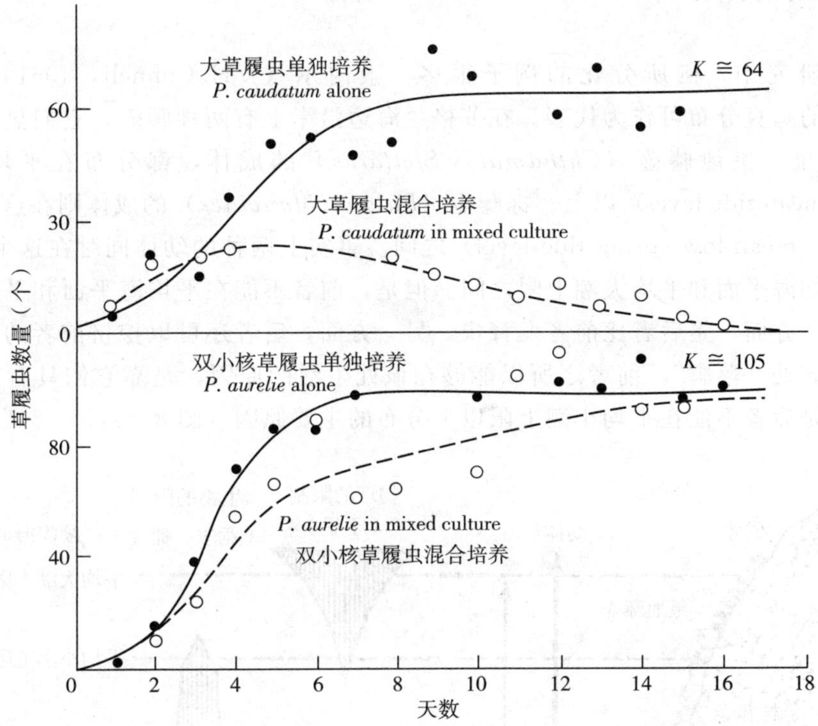

图 8-2　两种草履虫的竞争拒斥实验（仿自 Emmel，1976）

动物学家在其他的实验中，如用果蝇（*Drosophila melanogaster*）、田鼠、麦秆蝇（*Meromyza saltatrix*）以及其他动物做实验，都得到过相同的结果（Miller，1965）。但是，在自然界中的情况和实验室内的情况差异很大，由于生态位的分化，竞争的强度减低，两个相似的物种，在自然条件下，达到平衡共存的现象也是常见的事。

第五节　生态位概念（the concept of niche）

著名生态学家约瑟夫·格林尼尔（Joseph Grinnell，1928），在研究小生境时首先提出："小生境是根本分配的概念单位。每一物种由于构造和本能的限制，逐渐经由长期演化而形成。"事实上格林尼尔，早在 1904 年的一篇文章中就提到："两个相同食性的物种，不可能长期在同一地区，在个体数上达到平衡。"后来，他在 1917 年又提出："在一个动物区系内，没有两个长期建立的物种，具有完全一样的小生境关系。"

人们研究小生境至少有两个好处：一是弄清楚了小生境的分化和形成有助于消减竞争，化解或消除矛盾；二是当不同小生境的物种，在一个群集中共存的时候，有助于研究它们共同演化的规律，进而弄清生态系统的结构，并有助于建立系统的模式。

从生态学家研究动物种生态位的结果看，生态位的分化通常有以下几种方式。

一、栖所的分化（habitat differentiation）

在动物研究中，栖所分化的例子很多。康内尔（J. H. Connell，1961）研究藤壶（*Balanus*）的垂直分布可作为代表。在苏格兰海边沿岸上有两种藤壶，它们显然分布在两个不同的高度。星地藤壶（*Chthamalus Stellatus*）的成体，都分布在平均小潮上限（mean high neap tide level）以上。栎藤壶（*Balanus blanvides*）的成体则在这个高度和平均大潮下限（mean low spring tide level）之间。事实上两种的幼体同时在这个区域浮游，特别是在平均海平面和平均大潮上限之间。但是，前者不能在平均海平面和平均小潮上限之间附着。一方面，是后者比前者发育快，另一方面，后者还可以挖挤前者的附着处，使它们不能在该处“落脚”。前者之所以能够在该处生活的原因，是靠它们具有很强的耐干旱能力。这是后者不能在平均小潮上限以上分布的主要原因（图 8－3）。

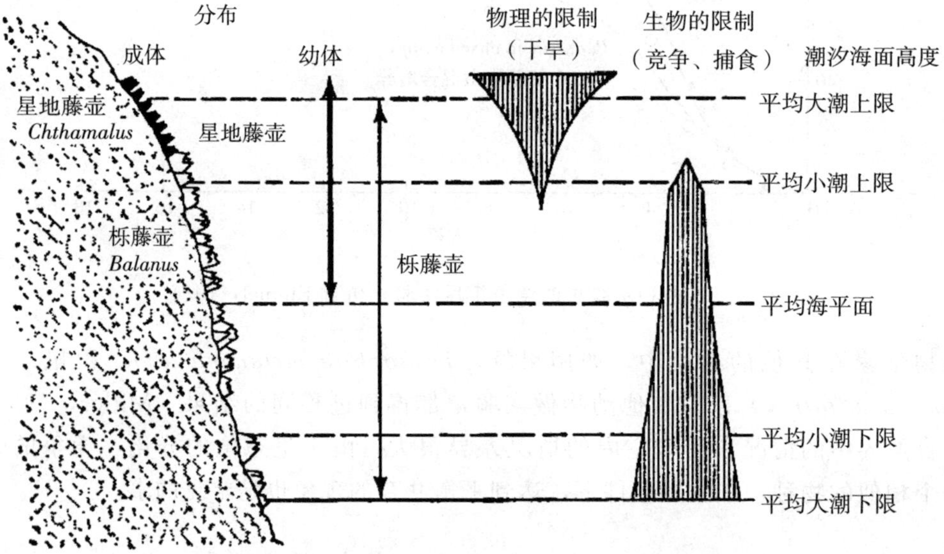

图 8－3　苏格兰海滨两种藤壶的垂直分布（仿自 Connell，1961）

注：从图中看，这种显现是竞争拒斥的结果。

二、领域的分化（territorial differentiation）

科迪（M. L. Cody，1973）在动物领域的分化研究中，曾比较北大西洋和北太平洋海岸的 6 种海雀（Alcidae）的活动范围。它们的食性和生殖周期几乎完全一致，因而有相同的需要。但是，它们觅食的区域各有不同。小海鸟（*Ptychorhamphus aleuticus*）体形最小，体长 18cm 左右，但是，它觅食时，飞得最远，其觅食范围多在离巢 12km 以外。鸽海鸠体型较大，体长 27cm 左右，多在离巢 0.2km 以内觅食（图 8－4）。

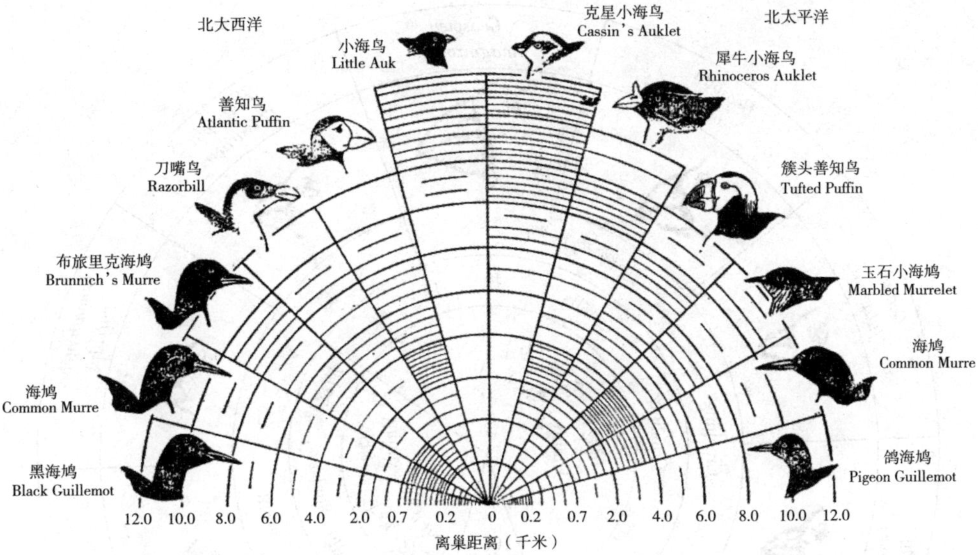

图 8-4　两个海洋岸边海雀觅食区域的比较

注：图中每一弧线代表 5%（仿自 Cody，1973）

三、生理的分化（physiological differentiation）

从动物小生境来看，动物的生理需要不同，而产生小生境分化现象，这是一个并不难理解的问题。谢德（G. A. Schad，1963），在研究时发现，有 10 多种寄生在海龟（*Chelonia mydas*）大肠内的尖尾虫（*Oxyuroidea*），这种虫在生活中对氧和二氧化碳的需要不一，也就是缺氧呼吸（*anaerobic respiration*）和 pH 的适应性不一样。

查佩尔（L. H. Chappell，1969）在研究中发现，三棘丝鱼（*Gasterosteus aculetus*）的消化道中有两种寄生虫：一是绦虫（tapeworm），它们多寄生在消化管前部；二是棘头虫（spiny-headed worm），多在消化管后段，虽然，它们有时也重叠分布。

四、食性的分化（feeding differentiation）

鲍曼（R. L. Bowman，1961）在研究中，用 10 种达尔文雀（Darwin's finches）作为研究的代表种，显示食性的小生境分化。主要是它们觅食的喙的构造不一样，食性也就不同了。食性以动物性为主的旋木雀（*Certhidea olivacea*），其嘴呈尖状，有探索昆虫的功用；而以植物为食的大嘴地雀（*Geospiza magnirostris*），其嘴厚实，具有挤压植物果实的功用；杂食性的大树雀（*Camarhynchus Psittacula*），则是中间型的（图 8-5）。

五、体型的分化（body-size differentiation）

事实上，凡是体型大的动物，它们所需要的能量也多，体型小的动物自然所需要的能量就会少。大型动物在自然界受到敌害的机会会更多些，而小型动物在受到敌害时，比较

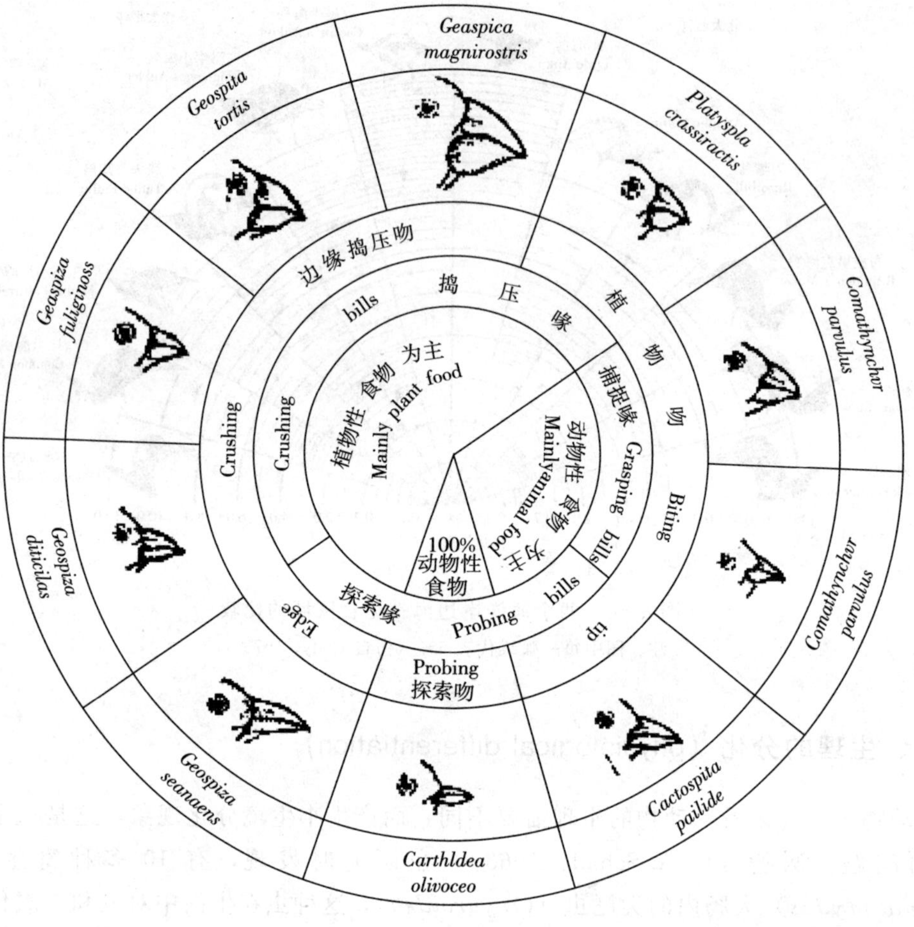

图 8－5　小生境分化示意图（仿自 Emmel，1976）

容易逃避捕食者，如啮齿类的鹿鼠（*Peromyscus* sp.）等。然而在夺取竞争中，体型大的动物常常比体型小的动物更易得胜，但是，大型的比较容易被捕食者捕食，因此，它们可以共存（Grant，1972）。

海星（*Pisaster ochraceus*）和海星（*Leptasterias hexactis*）也有相似的现象。前者较大，而且具有侵略性，而后者则有较高的能量吸取率，故二者在争取式竞争中能共生共存（Menge and Menge，1974）。

第六节　竞争行为模式

早在 20 世纪 20 年代，生物学家洛特卡（A. J. Lotka，1925）和福尔特拉（V. Volterra，1926），就动物竞争行为模式问题，分别根据维赫尔斯特（P. F. Verhulst）和珀尔（R. Pearl）的模式做过研究。如果两个互相竞争的种群密度，分别用 N_1 和 N_2 来表示，它们的内在增加率为 r_1 和 r_2，环境负载量为 K_1 和 K_2。两者相互竞争的关系常数称为竞争系数（competition coefficient），其中，f_2 代表种群 2 对种群 1 的相关系数，f_1 代表种群 1 对种群 2 的相关系数。它们的生长就有如下的关系：

$$\frac{dN_1}{dt}=r_1N_1\left[\frac{K_1-N_1-f_2(N_2)}{K_1}\right] \tag{8-1}$$

$$\frac{dN_2}{dt}=r_2N_2\left[\frac{K_2-N_2-f_1(N_1)}{K_2}\right] \tag{8-2}$$

$f_1(N_1)$ 和 $f_2(N_2)$ 可以分别展开成为：

$$f_1(N_1)=\alpha_1N_1+\beta_1N_1^2+\gamma_1N_1^3+\cdots \tag{8-3}$$

$$f_2(N_2)=\alpha_2N_2+\beta_2N_2^2+\gamma_2N_2^3+\cdots \tag{8-4}$$

在比较复杂的情况下，可能有很多项，但是，为了使其关系更加简明，只取第一项，这样式（8-3）和式（8-4）就可以变成：

$$\frac{dN_1}{dt}=r_1N_1\left(\frac{K_1-N_1-\alpha_2N_2}{K_1}\right) \tag{8-5}$$

$$\frac{dN_2}{dt}=r_2N_2\left(\frac{K_2-N_2-\alpha_1N_1}{K_2}\right) \tag{8-6}$$

如果其中只有一个种群得胜，于是：

$$\frac{dN_1}{dN_2}=\frac{r_1N_1K_2}{r_2N_2K_1}\left(\frac{K_1-N_1-\alpha_2N_2}{K_2-N_2-\alpha_1N_1}\right)=0 \tag{8-7}$$

或

$$\frac{dN_2}{dN_1}=\frac{r_2N_2K_1}{r_1N_1K_2}\left(\frac{K_2-N_2-\alpha_1N_1}{K_1-N_1-\alpha_2N_2}\right)=0 \tag{8-8}$$

于是 $K_1-N_1-\alpha_2N_2=0$ 或 $K_2-N_2-\alpha_1N_1=0$

如果 $N_1=0$，$N_2=\frac{K_1}{\alpha_2}$，或 $N_2=K_2$，则群 2 胜；

如果 $N_2=0$，$N_1=\frac{K_2}{\alpha_1}$，或 $N_1=K_1$，则群 1 胜。

除此以外，还有两个可能：

（1）不同排斥能力的两个种群竞争结果，决定了开始时两群数量上的比例（N_1 和 N_2）和竞争系数（α_1 和 α_2）。如群 1 内的个体排斥群 2 的个体，比本群个体互相排斥大，群 1 最后得胜，反之亦然。这样在图解（图 8-6）上形成分歧的马鞍形（saddle form）。

（2）竞争力相当，如两群竞争和各群内个体竞争并没有什么不同，这样的竞争结果，就造成共存的情况，互不产生竞争危害，在图解上形成会集的交点形（node form）。

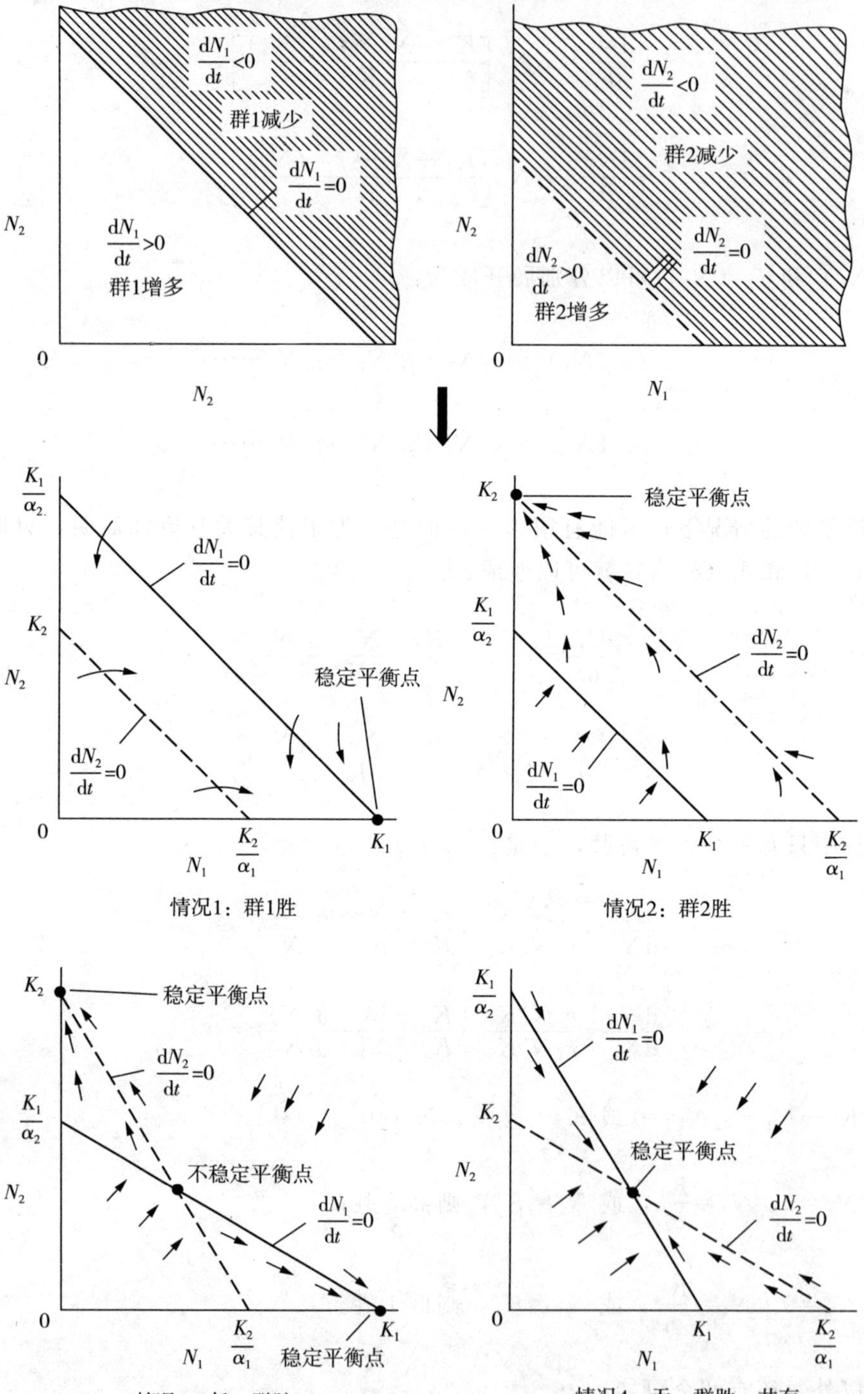

图 8-6　动物竞争模式图（仿自 *Wilson and Bassert*，1971）

注：图中的实线代表群 1 密度（N_1）；虚线代表群 2 密度（N_2）

第九章 侵略行为

在自然界中，动物具有较强的侵略行为，就这一问题，著名生物学家尼科·廷伯金(Niko Tinbergen，1968)，在就任牛津大学动物行为学老师时，在其讲课中，专门谈到动物侵略行为（aggression）的生物学问题。他指出，“动物学对动物体制和机能的研究，有助于医学的发展，而行为学（ethology）对动物行为和社会组织的研究有助于人类社会制度的建立。很多人厌恶把动物行为研究得来的结果用来解释人类的行为，更不屑把动物行为和人类行为做比较，其实这些都并不是无因的。”

我国儒家典籍中记载的“人之异于禽兽者几希?”和“人之初，性本善，性相近，习相远”，指出人性和兽性不同之处在教育。因此，研究人性和兽性，确实有助于教育。1973年廷伯金和卡尔·冯·弗里希（Karl von Frisch）及康拉德·洛伦茨（Konrad Lorenz)，三位学者共同得到生理和医学的诺贝尔奖，这一奖项充分说明，人类对动物行为学研究的重视。

动物的侵略行为，通常是一个动物用行为或信号来减低对方的行为自由和动物繁殖遗传的适应性。这种行为多发生在群内个体之间，这和支配行为是直接有关的（Wilson，1975)。侵略行为和竞争行为也是密切相关的。群间的侵略斗争多用战争方式，比群内个体的胁迫和打斗显得规模大，且十分激烈。因此，动物群内个体间的胁迫和打斗和群间的战争只是程度的差别。“Aggression”一词包含侵略、攻击、进取等意思，笔者在这里用“侵略”一词，并不是动物之间真有人类理解的“侵略”一词的本意，只是为了方便说明动物的行为而已。

第一节　侵略行为的形成

动物的侵略行为表现在打斗方式上，它是如何发生的？动物为什么要打斗呢？K. 洛伦茨（1966）说，动物有攻击的欲望，不必要等到被挑拨后才动手，侵略行为可以是自发性的（spontaneous)。但是，欣德（R.A. Hinde，1966)，并不是赞同这种说法。他认为动物的打斗是情势造成的。动物非万不得已不会打斗。廷伯金（1968)，对此则持折中的看法，他认为动物的侵略行为是内外因素的综合产物。他以棘背丝鱼（*Gasterosteus cataphractus*）为例说明这一点，该鱼的雄鱼，对外物的反应不一，随着它的雄性激素的浓度而定，但是，该激素却又和光照长短有密切的关系，另外，攻击的经验所得到的好处和坏处，对该鱼的侵略行为也有影响。

一、外来的环境影响

外界环境的变化，对侵略行为的影响，莫过于外敌的入侵。所谓“惧异原则”（Xenophobia），在许多动物社会中都存在。当一个陌生的个体进入到某种群的范围，即使是从属个体都有向它挑战的倾向，动物种群中的主雄或主雌，这类头领动物就更不用说了。“兄弟阋墙，外御其侮”，当外敌入侵的时候，原来种群个体之间的所有竞争和矛盾都停止了。一旦出现打斗时，全族齐上阵，“同仇敌忾”是常见的现象。

从动物的侵略行为看，有时食物的争取，并不绝对引起侵略行为的发生，这要看当时的情况，如食物来源是否分散。在鸟类和猿猴（Hylobatidae）种群中，个体多分散，各自寻觅食物，少见它们为争食而产生打斗现象。但是，如果食物来源是比较集中的，则侵略行为和支配从属关系，就会十分明显地表现出来。当然也有例外，据简·范·老威克-古多尔（Jane van Lawick-Goodall，1967）的观察，黑猩猩群中，一只副雄首领，在捉到了一只小狒狒（*Papio hamadryas*），当它开始大快朵颐的时候，比它地位高的主雄首领，也只在旁边伸手向它乞讨，一直等到它吃饱了以后，丢弃剩下来的尸体，主雄首领才能染指。当然，这种现象只是一个个案，通常情况下，灵长类动物中支配从属关系特别明显。

拥挤的环境，也会增加侵略行为，这在自然界中，是一种常见的现象。鸟类和老鼠（Muridae）在这方面都有实验证明。塞尔（P. E. Sale，1972）在研究珊瑚礁丛中的宅泥鱼（*Dascyllus aruanus*）时，发现侵略行为和它们的密度有密切的关系。在开始的时候，互相打斗的侵略行为十分频繁，但是，到了一定的程度以后，却又有减少的现象，而且种群的密度和侵略行为的频度是成正比的（图 9－1）。

在一年四季中，不同的季节（特别是繁殖季节）对动物的侵略行为的影响很大。许多孤立生活的动物，如老虎（*Panthera tigris*）、黑熊（*Ursidae thibetanus*）等，平常都离群独居，到了繁殖季节就形成配偶对（mating pair）。两只雄虎可以为一只雌虎做生死打斗，但是，在激烈的打斗中，真正被杀死的也不多见。鹿类（*Cervus nippon*）中的雌鹿，平时性情比较温驯，但是，当它们生了小鹿以后，其性情变得比较凶狠，对本群中其他个体有侵略行为的表现，而且一旦发生打斗，就十分激烈。

二、内在的生理影响

动物体内的内分泌激素，对动物的生理和心理都有很大的影响，特别是脑下垂体腺（pituitary gland）。它对动物侵略行为的影响，主要是接受中枢神经下视丘（hypothalamus）和外围神经，以及内分泌腺激素如肾上腺素（epinephrine）的刺激，而分泌至少三种激素，与侵略行为有关。下图以人类为例说明（图 9－2）。

（1）肾上腺皮质激素（adrenocorticotropic hormone），使肾上腺皮质扩大，因而能分泌较多的肾上腺皮质素，也就是肾上腺素（epinephrine）和新肾上腺素（norepinephrine）。这两种激素能促进身体的代谢，使该动物能做激烈的活动，也就是打斗或逃跑。

（2）促黄体激素（luteinizing hormone）和促卵泡激素（follicle-stimulating hormone）

在雄性体内，则促进雄激素（androgen）的分泌，在雌性体内，则促进动物雌激素（estrogen）和孕甾酮（progesterone）的分泌。

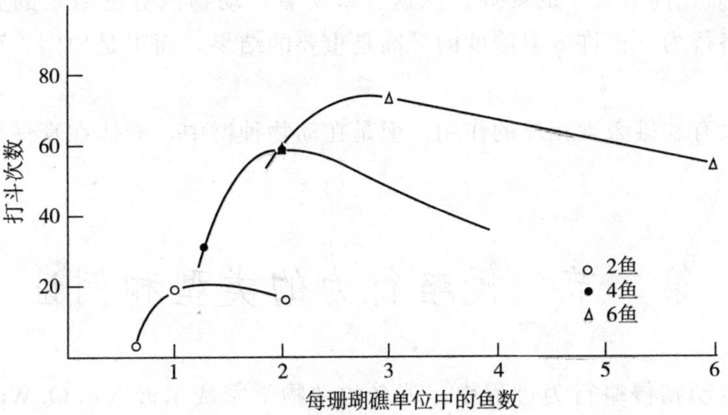

图 9－1　珊瑚礁丛中宅泥鱼的侵略行为（引自 Wilson，1975）

注：图中曲线表示该鱼的打斗频率和它们的密度关系，从图中可以看出，当达到一定频率以后，它们的打斗有减少的现象。

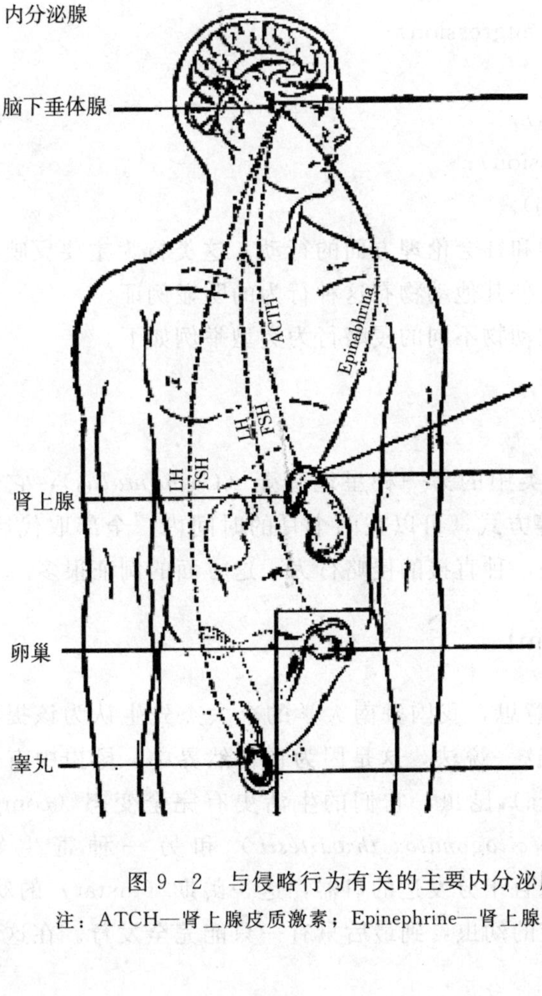

激　素	作　用
促黄体激素	增强侵略行为（在两种鸟类中）
肾上腺素和新肾上腺素	为身体生理作准备（面对或逃避斗争）
肾上腺皮质激素	在被压迫情况下稳定身体的生理状况
雌激素和孕甾酮	按物种而歧异
雌激素（特别是睾丸甾酮）	增强侵略行为

图 9－2　与侵略行为有关的主要内分泌腺和激素（仿自 Wilson，1975）

注：ATCH—肾上腺皮质激素；Epinephrine—肾上腺素；FSH—促卵泡激素；LH—促黄体激素

但是，内分泌激素并不绝对地对侵略行为有效，有时，也有相反的现象。罗斯等学者（R. M. Rose et al.，1971）发现，在一个猴子种群中，低级的猴子体内的睾丸甾酮（testosterone），反而比高级猴子的要高。从这一事实看，动物内分泌激素的升高，不一定会增加打斗和侵略行为。也许激素浓度的升高是重要的结果，而不是原因。而且低级猴多数比高级猴年轻。

雌激素一般有和雄激素相反的作用，但是在动物种群中，雌体在育仔期间的侵略行为却又很明显。

第二节　侵略行为的类型和例证

在研究野生动物侵略行为过程中，著名的动物学家威尔逊（E. O. Wilson，1975）列出侵略行为的类型至少有下列数种：

（1）领域侵略（territorial aggression）；

（2）支配侵略（dominance aggression）；

（3）性欲侵略（sexual aggression）；

（4）管束侵略（parental disciplinary aggression）；

（5）警戒侵略（warning aggression）；

（6）捕食侵略（predatory aggression）；

（7）反捕侵略（antipredatory aggression）；

（8）道德侵略（moralistic aggression）。

道德侵略行为，主要表现在宗教信仰和社会伦理方面的行动。这类行为主要反映在人类社会，至少现在还没有发现除人类社会外其他动物有这种行为的明显例证。

以上这些类型意义都很明显。下面就动物不同的侵略行为类型举例如下。

一、直接的侵略

水生动物栎藤壶（*Balanus*）侵略同类中的另一种星地藤壶（*Chthamalus*），它们在其所在的沿岸用快速生长、挖掘和挤压等方式，可以在两个月的时间内，全部取代后者。人类发生的战争，从生物学角度来看也是一种直接的侵略行为，这方面的例证很多。

二、幼体相食（larval cannibalism）

Cannibalism 原意是“自食其类”的意思，我国暨南大学的李大杰先生认为该提法以“幼体自食”更合适。因此，笔者采用了这一说法，这是因为在自然界中，昆虫中有许多在幼虫期，特别是膜翅目（Hymenoptera）昆虫，它们的生活史有完全变态（complete metamorphosis）。一种寄生黄蜂（*Poecilogonalos thwaitesii*）和另一种寄生姬蜂（*Collyria calcitrator*）幼虫，都具有特殊且十分发达的口器，这一龄期（instar）的幼虫，能吃掉其他昆虫的幼虫，包括同种、同族的幼虫，到最后只有一只能完全发育。在这种情况下，只有看谁发育得最快，先达到这个能吃同类和其他昆虫的阶段，而且要能吃到附近没有一只，才可以达到这个阶段；否则，等自己发育到下一阶段成为不食的蛹的时候，可能就被后来的吃掉了（图 9－3）（Clausen，1940）。

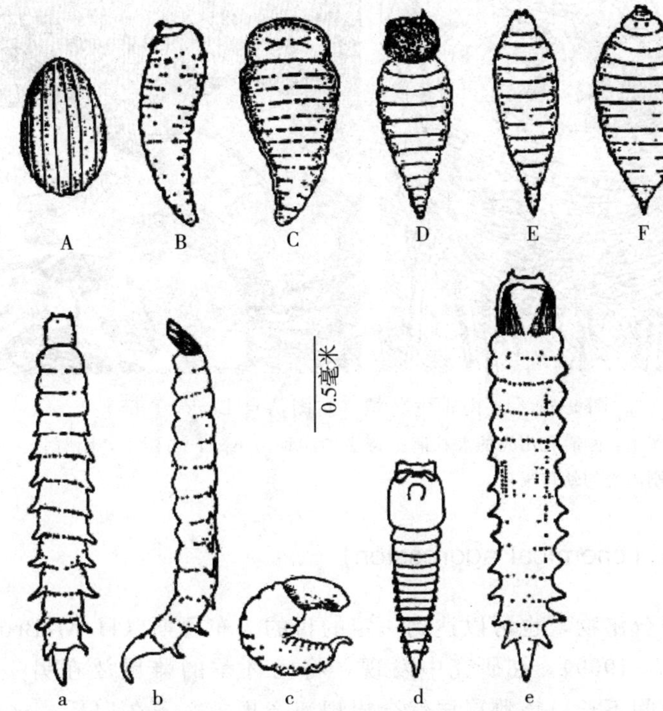

图 9－3　两种寄生蜂的同类相食的幼虫（仿自 Wilson，1975）

注：上列 A～F 是黄蜂（*Poecilogonalos thwaitesii*）从卵起及以后的各龄幼虫，其中，图中第 4 龄幼虫（D），具有最大的口器，为相食龄；下列 a～e 是姬蜂（*Collyria Calcitratar*）的幼虫，其中第 2 龄幼虫（e），具有最大的口器，为相食龄。

三、成体食幼（adult cannibalism）

在野生动物中，真正自食其类的例子也是比较多的。狮子（*Panthera leo*）、老虎、豺（*Cuon javanicus*）、黑猩猩等，甚至人类都有这种现象。想起这些例子，更觉得动物行为研究的重要，人类不能简单地只用发疯、没有人性等来解释这种蚕食同类的现象。

四、巢内寄生（brood parasitism）

在自然界中，有些鸟类在繁殖季节，它们不会自己营巢，而是把卵产在寄主鸟的巢内。例如大杜鹃（*Cuculus canorus*），它把卵产在大苇莺（*Acrocephalus arundinaceus*）的巢内，杜鹃的幼鸟发育很快，孵出后，杜鹃的雏鸟，就把寄主鸟的卵或小鸟用头背顶出巢外，使其跌死（图 9－4 左）。另外一种导蜜鸟（*Indicator indicator*），其幼鸟生长也很快，它们出壳后，能把寄主幼鸟啄死，而自己冒充寄主的幼鸟，因而得到寄主亲鸟提供的大量食物，从而顺利发育成长（图 9－4 右）。

图 9-4 巢内寄生鸟类（右图仿自 Lack，1968）

注：左图中，刚孵化出壳的大杜鹃把寄主的卵顶出巢外；右图中，刚孵化出的导蜜鸟，把寄主刚出壳的幼鸟啄死。

五、化学侵略（chemical aggression）

野生动物的体外分泌物，也可以达到一定的目的。布鲁斯（H. M. Bruce，1966）和布兰霖（F. H. Branson，1969），在研究中发现，将已怀孕的雌鼠放在另一只雄鼠的笼中，他们生活在一起的时间不长，该雌鼠居然会出现流产现象，不久以后，这只雌鼠又可以和这只新的雄鼠进行交配，并受孕。原来雄鼠的尿液中有一种信息素（pheromone），这种物质能刺激该已孕的雌鼠的脑下垂体腺和黄体（corpus luteum），而分泌堕胎激素。这种信息素的作用是有时效性的，要看受孕的程度而定。从研究的结果看，一般在胎盘着床（impiantation）以前才有效。一旦过了胎盘着床期，这种堕胎激素就会失去作用。

第三节　侵略行为的适应

在自然界条件下，当动物在长期压迫之下，会产生对侵略行为的适应性，通常它们要经过所谓一般适应证（general adaption symdrome）的三个阶段（Selye，1956）。

一、警觉期（stage of alarm）

动物脑下垂体腺，受外围神经系统的刺激，分泌肾上腺皮质激素（ACTH），使肾上腺皮质素在血液中的浓度增高，该动物能做出应急反应，提高动物的警觉性。如压迫继续，则进入下一阶段。

二、抗拒期（stage of resistance）

野生动物由于 ACTH 的刺激，肾上腺皮质的功能加强，有扩大现象（Davis，1964）。

该动物实际上迅速适应其压迫，并竭尽所能与外来的压迫做斗争。

三、枯竭期（stage of exhaustion）

当肾上腺过分扩大，身体其他部分，在长期刺激之下，不能继续支持，可能引起其他疾病的出现，如肝脏方面的疾病、抗体的减少、肾脏方面的疾病等（图 9－5），甚至会出现某些个体死亡的现象。

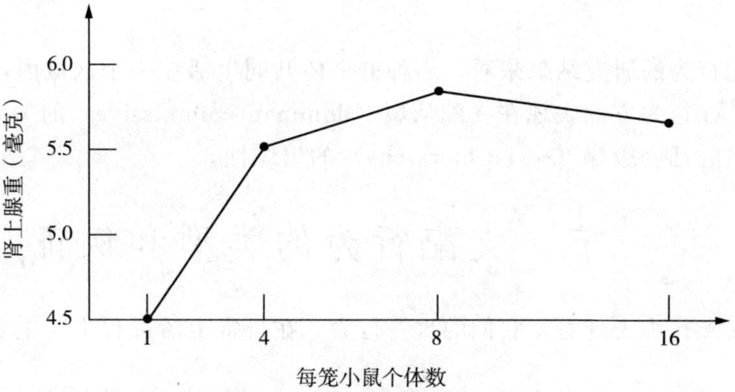

图 9－5 小鼠肾上腺的重量和拥挤的关系（仿自 Wilson，1975）

注：从图上来看，长期的紧张，造成肾上腺皮质固醇过度分泌。

第十章 支配行为

从动物支配行为的研究结果来看，当种群个体共同生活在一个区域内，彼此间相互接触的机会增多，在行为方面表现在支配从属（dominant-submissive）的关系上，这种支配从属关系有明显的社会级序（social hierarchy）的组织性。

第一节 支配行为的类型和例证

从动物的支配行为表现看，它们的这一行为，在日常生活过程中，主要有三种基本类型（图 10－1）：

图 10－1 支配行为的三种类型（仿自 Wilson，1975）

注：本图以家禽——鸡为例，从左至右依次为：独霸式、单线式、循环式。

一、独霸式（despotic）

在群内只有一个个体支配群内的全体，其他个体没有等级，都无条件地服从它的“领导”，所有个体都维护着其“领袖地位”。

二、单线式（linear）

在群内其个体的支配类型呈单线支配序列，即甲制乙，乙制丙……依次类推。

三、循环式（cyclic）

在群内出现个体循环式支配行为，即甲制乙，乙制丙，而丙制甲，类似互相制约的模式。

人类研究动物的支配行为，首先是从观察家鸡（*Gallas domesticus*）开始的（图 10－2）（Murchison，1935）。一群鸡在一起，首先，它们是不定的循环式的支配行为，逐渐演变成单线式的，经过大约 36 周以后，逐步形成稳定的单线式支配系统。因为雄鸡的支配序列表现在啄击动作上，故称为啄击级序（peck order）。后来发现其他动物也有支配行为，故普遍称为阶层级序（rank order）或支配级序（dominance order）。据笔者研究，野生动物普遍有支配行为表现，特别是善于结群活动的动物，如丹顶鹤、大鸨（*Otis tarda*）、白鹭、夜鹭、池鹭（*Ardeola bacchus*）和白骨顶（*Fulica atra*）及哺乳动物中的狼、鹿、北山羊（*Capra ibex*）、草兔（*Lepus capensis*）等。

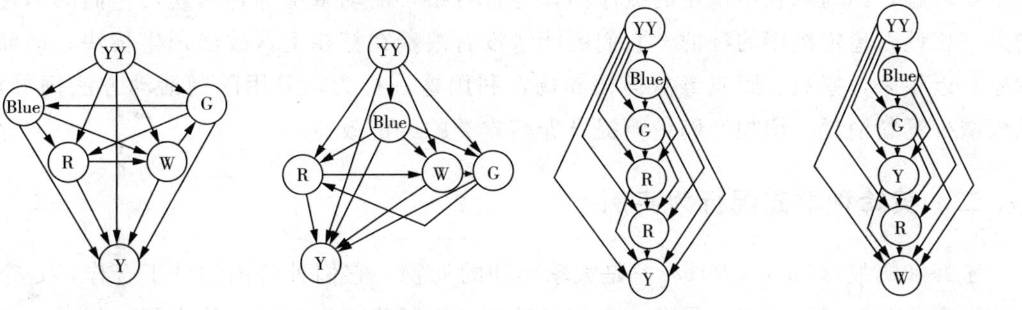

第16星期　第20~28星期　第32星期　第36~51星期

图 10－2　一群新形式的公鸡支配级序的变动（仿自 Wilson，1975）

图 10－2 中显示鸡的支配级序，由分化的三角循环式，逐渐演变成较稳定的单线式。图中的各英文字母代表个别公鸡。

为了证明动物支配行为在实际生活中的表现，我们就家鸡、黄蜂（*Polistes* sp.）和灵长类动物举一些例子供参考。

一、家鸡的支配行为

家鸡是由原鸡（*Gallus gallus*）驯化来的，从 1922 年索利夫·施杰尔德厄普-埃贝（Thorleif Schjelderup-Ebbe）对家鸡的观察实验以来，对它们的社会行为的研究，在各方面都有很大的进展。当一群小鸡生活在一起的时候，支配行为表现在阶层级序上的竞争即很快开始，其结果有以下几种现象。

（一）雌雄性都有啄击级序

高级的在觅食、营巢、行动和交配上都有优先。优势雄鸡交配的次数较多，而优势雌鸡却支配次数较少。由于它们在觅食、营巢和行动上都占优势，因此，它们的产卵也较多。

（二）单线式的啄击级序

在小群中最为明显，通常在 10 只左右的小群，经过大约一个月以后，即可以形成稳定的阶级系统。如果个体数增多，循环式的阶级系统则比较明显，而且阶级次序也常改变，也就是比较不稳定。

（三）啄击级序与内分泌的关系

从研究结果分析，啄击级序和内分泌有直接关系，特别是雄性睾丸甾酮。下级鸡在接受此物注射后，有反啄击级序的表现。

（四）啄击级序的形成与消失

啄击级序形成以后，下级鸡能记忆其地位，但是，也只能维持 15～20 天，如把它们分开超过了 20 天左右，也有反啄击级序的表现。

（五）啄击级序的稳定结果

稳定级序种群内的个体，比不稳定级序的种群内个体长得快，产卵也较多。这种现象并不难理解，因为鸡在不稳定的级序中，经常打架，活动量增加，因此，它们的消耗能量增大，相反，稳定级序的种群，它们的能量没有浪费在打斗上，故出现生长快，产卵多的现象。近年来，家鸡、野鸡等禽类饲养场，利用这一行为，采用限制活动方法饲养禽类，从而减少饲料消耗，增加产卵量，提升养殖禽类的经济效益。

二、黄蜂种群支配行为实例

蜜蜂和蚂蚁（*Lasius flavus*）是大家熟知的动物，它们种群内的分工合作，是个体生理和形态分化发展的结果，因此，它们特殊的社会行为，也就不足为奇了。但是，为什么那些个体会有这样的分化？在研究昆虫例子中，以黄蜂的社会行为尤为突出。其中，社会的形成包括种群内个体的竞争，最后演变为一只雌性的繁殖个体支配全群。黄蜂的这一例证有下面几个要点。

（一）独霸式支配形式

在自然环境中，当几只雌性黄蜂开始营巢的时候，这个时节一般多为春天，其中，在营巢的雌蜂中，只有一只能发育成为产卵的成体。其支配行为是独霸式的。

（二）提供式或服务式支配形式

在一个种群中，有时也会出现副属的雌蜂，也能产卵，但是，这些副属雌蜂所产的卵多数是雄性卵，或产出后被主蜂吃掉，以补充其大量产卵需要的营养。

（三）决斗式支配形式

通常情况下，支配斗争最激烈的时候，一般是在开始营巢的时候。此时两只雌蜂互相啃咬和击刺，最后，打斗的失败者成为属下的工蜂，或离群另谋生路，但是，也有失败者被胜利者杀死的情况。

（四）替补式支配形式

工蜂要向主蜂供应食物，造成主蜂的卵巢发育和工蜂的不育。如主蜂发生意外死亡，副蜂就可以循序升级为主蜂。

（五）形态式支配形式

主蜂的卵巢，如果被摘除，并不影响它在种群内的地位，支配级序决定于生殖器官的发育，但是，当支配级序稳定以后，生殖器官的发育与否，并不会影响级序（Deleurance，1948）。

三、灵长类动物支配行为实例

自 20 世纪以来，动物行为学（animal ethology）的研究有了很大的进展，特别是对灵长类动物的研究。许多学者在野外实地观察了猿猴（Hylobatidae）的社会，发现其社会组织与支配行为及食物生态有密切的关系（Eisenberg et al.，1972）。灵长类的社会组织，从孤立个体和家庭亲属到种群阶层的组织，按支配行为可分为三大类。

（一）单雄群体（unimale troop）

如果在一群中，只有一只雄性成体，它将对性快成熟的雄性个体，产生拒斥的现象。受到拒斥的雄性个体，一旦性成熟以后，必须另组织新的群体。这样的群体如：

（1）树栖居食叶猴：卷尾猴科（Cebidae），如长毛吼猴（*Alouatta palliata*）；疣猴科（Calobinae），如东黑白疣猴（*Colobus guereza*）。

（2）树栖居食果猴：卷尾猴科，如白喉卷尾猴（*Cebus capucinus*）；猕猴科（Cercopithecinae），如青猴（*Cercopithecus mitis*）。

（3）半落地食果猴：猕猴科，如山魈猴（*Mandrillus leucocephalus*）。

（二）长幼雄群体（age-grade-male troop）

单线式的雄性支配系统和年龄级序配合，主雄对后进属雄的容忍度相对比较大。它们的活动领域较广，个体数较多，它是发展成单雄群体和多雄群体的中间型，这样的群体通常有以下几种类型：

（1）树栖居食叶猴：疣猴科，如叶猴（*Presbytis*）。

（2）树栖居食果猴：卷尾猴科，如蛛猴（*Ateles geoffroyi*）。

（3）半落地食果猴：猕猴科，如黑长尾猴（*Cercopithecus aethiops*）。

（4）平地食叶果猴：猩猩科（Pongidae），如大猩猩（*Gorilla gorilla*）。

（三）多雄群体（multimale troop）

在动物支配行为中，其复杂循环式和年龄等级相配合的支配系统，其中，有主雄存在，但是，主雄和次雄以及次雄和次雄之间，通常会出现互助现象。这样的群体如：

（1）树栖食果猴：在自然界中，常见的种群有维氏冕狐猴（*Propithecus verreauxi*）和褐狐猴（*Eulemur fulvus*）等。

（2）半落地杂食性猴：常见的种群草原狒狒（*Papio cynocephalus*）和黑猩猩（*Pan tyoglodytes*）等。

第二节　支配行为的特性

在自然界中，野生动物的支配行为，在动物种群中，它们通常有以下几种简单的特征。

一、惧异原则（the xenophobia principle）

在一个稳定的支配级序动物种群中，具有一定的排他性。新加入的个体必定会受到原有个体中的强者攻击，有时，甚至连原有种群中的弱者，也会对后加入的个体进行攻击，这种现象是完全可以理解的。因为它们给原有群体增加了不稳定的因素，如争取食物、栖所和配偶等，都给原有的个体增加了威胁。大多情况下，新加入的个体，如不能忍受这种欺负，或者无法克服支配和从属级序的双重压迫，势必会被驱逐出去。

二、强硬领导的和平（the peace of strong leadership）

灵长类动物种群内的主雄个体，是强硬领导的“强人”（strong man），当群内个体发生争执甚至打斗的时候，作为主雄，它会制止双方的行为，这种行为和家长式的社会基本差不多。

三、权力欲（the will to power）

哺乳类动物中，从海象（*Mirounga*）、驯鹿（*Rangifer tarandus*）、狮子（*Panthera leo*）、吼猴到狒狒等的种群中，刚刚成年的幼雄个体，多被群内的主雄驱逐出去，成为种群外围的流浪者。这些流浪者必须能克服环境的压力，或是另组一群，或是加入新群，或是回到原来的种群中。它们的权利斗争是经常存在的。直接与主雄挑战的情形一般很少见到，大多数是主雄年老力衰后，次雄取而代之。

四、社会消滞（social inertia）

动物学家居尔（A. M. Guhl，1968），曾根据对鸡群的观察，提出稳定的支配级序是由于社会消滞的缘故。一群小鸡开始被放在一起的时候，互相之间的啄击、打斗是很常见的一种现象，但是，随着时间的推移，它们之间的啄击与打斗频率逐渐降低，直至达到一定频率。这种次第缓和现象，是动物支配级序形成和习惯该级序的结果。最后造成一个稳定的社会级序。在这个稳定的社会状态中，每一个动物个体很不容易改变它在种群里的阶级地位。

五、分区级序（nested hierarchies）

野生动物种群内，包括许多小群，如白额雁（*Anser albifrons*），它们的大群内有小群，支配级序在小群内也明显存在，小群和小群之间也存在这种支配级序的情况。另外，野生火鸡（*Meleagris gallopavo*）也有这种现象存在。从研究的结果看，野生动物种群的这种现象尤为突出。

第三节　支配优势的好处

动物个体在种群中占优势有许多好处，如食物、居所、配偶，都有优先权。许多动物一出世就进行优先权的争夺。一只母猪（*Sus scrofa*）生下七八只小猪（母猪产仔越多，这种优先权的争夺越为突出），小猪之间即刻进行乳头级序（teat order）的争夺。挤在前面的得乳多，营养好。在最后的，不但乳水少，而且营养也不如前边的乳头，此外，常常被母猪后脚踢开（McBride，1963）（图 10－3）。

图 10－3　小猪间乳头级序的争取（引自 Barash，1977）

注：小猪出生后数小时内，它们就开始争夺乳头，前面的乳头乳汁较多、营养丰富，其小猪生长快。

野生动物的繁殖优先权，几乎见之于所有的动物。德弗雷斯和多克利伦（J. C. DeFries and G. E. McClearn，1970）用老鼠做实验，把 3 对老鼠放在一起，它们即刻展开了优先的斗争，它们打斗 1～2 天以后，支配级序就决定了。每只老鼠的遗传记号都预先测定过，因此，它们的遗传特征可以在子代中鉴定。在 22 组实验中，有 18 组的子代全是主雄鼠的后代。只有 3 组当中，各有一只次雄鼠的后代。剩下最后一组中，有两只次雄鼠的后代，主雄的子代在整个实验种群中占了 92％。类似的情况，如农家鸡、海象（*Odobenus rosmarus*）及其他鳍脚类（pinnipeds）、鹿、山羊（*Capra ibex*）和其他有蹄类（ungulates）动物等都有发生。

优势的个体，在栖所选择方面的实例也很多。如加拿大雁（*Branta canadensis*）中，雌雁选择营巢地点，必需的条件是要有最可能找到优势雄雁的保护，否则，只好让给更优势的一对雁营巢。支配级序低的雁对，只有到种群外围地区去营巢，它们的巢区由于离开种群较远，其危险大大增加，不仅要面临被天敌袭击的危险，还有被延迟繁殖的命运（Collias and Jahn，1959）。

自然界中野生鳟鱼（*Salmo trutta*）的支配优势，也是一个显著的例子。优势鳟鱼可以有好的产卵场所，最好的生态环境，从而为卵的发育提供最好的生长条件，幼鱼的孵化率、成活率和生存率也会最高，且受天敌的危害也就小。

动物种群中的优势者，一旦获得了支配地位，就可以享受它所需要的生活条件。这恐怕还是次要的，更重要的还是环境对它的压力小，活动自主，很少受本身体内激素的过度分泌的压力，因而身心健康，得享长寿。驼背鱼（*Lepomis gibbosus*）（也称驼背太阳鱼）的从属鱼的肾上腺有扩大现象，分泌较多肾皮质固醇（corticosteroids），使该鱼易于受刺激（Erickson，1967）。

第四节 从属的适应

动物种群内优势个体既然有很多好处，那么，动物的从属个体岂不是没有多少生活的余地了吗？事实上，在野生动物种群中，也确实有这一问题的存在。不过话又说回来，动物种群阶层和其他生命阶层一样，也是动态的，从属个体必须能适应各种内外环境的压力，以求得生存。在动物界中，种群内的胜利者，很少有把失败者处死的，在一个群体中，只要失败者能忍让，胜利者都不会太过分处置失败者，让失败者有生存的余地，就可以安稳地生活在群体中。当然，在野生动物中，少数种类自食其类的也有，但是，失败者就会奋起抗争，甚至借助外力帮忙，事实上，失败者的出路其实有很多，归纳起来有以下几个方面。

一、另谋生路

失败者首选的生路是“远走高飞”，另谋生路。生物学上把这种现象称为“移出”(emigration)，在本种群的外层向外扩展，这是动物种群向外散布的一种方式。当然，向外散布面临的是新的环境，且有很多危险和生活中的艰辛，因此，这种向外散布，只有适应性较强的个体才能获得最后的成功，事实上，这是一条艰辛之路，甚至是充满危险之路。同时，也是自然的选择。

二、以时间换空间

动物中的很多支配级序实际上是长幼级序，主雄或主雌动物多是比较老的，一旦衰老，次雄或次雌动物即可升级。如黑琴鸡（*Lyrurus tetrix*）（图 10－4），就是典型的例子。第一年的雄鸡在最外围，第二年的在中间层，第三年的在内层，并有机会成为一群体的主雄（Johnsgard，1967）。因此，我们在野外考察雉类时，可以看到同样的自然现象，即雉类以时间换取空间的情况。

图 10－4 黑琴鸡

三、再接再厉

哺乳动物中的马鹿（*Cervus elaphus*），其主雄在交配期内，为了霸占属群中的雌鹿，常常很少进食。因此，在开始的时候，可以把其他的雄鹿赶走，而保证拥有所有的雌鹿，但是，大约两个星期以后，其身体逐渐消瘦，而力不从心，其地位就有可能被次雄鹿所取代。这时，它只能跑到外围区养精蓄锐，待机卷土重来（Darling，1937）。

四、忍让互助

在昆虫世界里，纸黄蜂（*Polistes fuscatus*）多在春季营巢，冬卵孵化出来的黄蜂都是雌性个体。一群雌性黄蜂，在一起营巢，其中，只有一只可以成为主蜂，属蜂如离巢而去，就很难再营新巢，即使不被鸟类吃掉，也难有栖身之所，因此，所有的雌蜂只好留下，成为从属蜂。事实上，这一群雌黄蜂多是姐妹，它们共同生活，是亲属选择（kin selection）的一个最好例证。它们当中有卵巢发育的不同：主蜂最大，多产雌卵；次蜂体形较小，多产雄性卵。“一分为二，合二为一”，仍然是繁殖方式中必需的，对种群的生存都有重要的贡献（表 10-1）。

表 10-1　纸黄蜂依支配级序的分工

识别号码	支配级序	产卵数	吃他蜂卵	造巢室数	觅食率（次/小时）	觅食次数
13	1	9	4	0	0.08	25
34	2	5	2	1	0.50	20
35	3	0	0	1	1.41	0
28	4	0	0	2	1.56	5
15	5	0	0	8	1.80	3
6	6	0	0	0	1.22	1
18	7	0	0	0	1.50	0

（引自 Berhard，1969）

第五节　优势的决定因素

在动物种群中，是什么因素决定某一个体可以成为支配者或优势者的呢？许多事实说明，动物种群中的优势者，之所以取得胜利取决于诸多因素。人们更多的是只知道其结果，而很少有预知或了解更多的细节过程。有关这方面的动物行为的研究还不多，但是，从现有的研究资料分析，综合归纳起来有以下几个方面的原则。

一、制服的原则

在动物种群中，成年动物以其身体方面的强势制服幼体或弱势个体；雄性成体以其在种群体型、管理方面或勇敢等优势制服雌体。但是也有雌性成体制服雄体的现象，如褐鲣鸟（*Sula Leucogaster*）、斑鬣狗（*Hyaena crocuta*）等都是以雌性为主，雄性处于从属地位。

二、聪明的原则

在动物种群中，有一些动物大脑发达、行动灵活，从而为其在种群内的优势创造条件。因为不同的动物种群有不同的支配级序，如黄蜂多是独霸式的，方法十分简单，为数不多的短链系统。主体与从属之间，有时也会出现反复的现象（West，1967）。在鱼类、两栖类、爬行类动物中也是如此。但是，在鸟类和哺乳类动物中，这一行为，则比较复杂，多是长链式的、合群的和循环式的。在长期的生活中，谁最聪明、行动最灵活、最勇敢、外部形态最漂亮，谁最有优势。

三、内分泌激素的决定原则

从研究的结果分析，在野生动物种群中，动物体内的内分泌激素和优势有密切的关系。鼠猴（*Chrysothrix Sothrix*）的主雄性，有高浓度的17-羟基肾皮质甾醇（17-hydroxy-corticosteroids）和低浓度的茶胺（catecholamines）。后者是肾上腺素和新肾上腺素的综合体。但是，其他实验和观察，也并不完全相符，故尚未定论（Candland and Leshner，1971）。

四、体型、膂力和进取性原则

家禽中来航鸡的支配级序的决定因素，通常有个体体重、健康状态、脱羽期长短、雄性激素多少、鸡冠大小及色泽和祖群优势等。另外，还有它们打斗的技巧，着陆时的姿态和平稳度等，上述这些因素后天的成分比较少，这些无疑是与遗传有密切的关系（Collias，1943）。

五、母贵优先的原则

在灵长类动物种群中，母亲的地位对其子女的优势非常重要。日本猕猴（*Macaca fuscata*）主雌的子女，特别是小雄猴，它们多在内群中心，和主雄接触的机会很多，接触面比较广，学习主雄的行动也较多，因此，它们比起外围的同龄的小雄猴易于占优势。

六、个性至重的原则

在一个野生动物群体中，动物个体的个性十分重要，尤其是在多雄群体内，据动物学家简·古多尔（Jane Goodall，1968）观察野生黑猩猩的社会，发现一只叫“David”的雄性和其他几只优势雄性的关系特别好，尤其和一只老的叫“Goliath”的主雄关系特别要好。它可能是该主雄的一个儿子，因此它的地位在该群中比较高。

第六节　支配行为的模式

著名生物学家海曼·兰多（Hyman Landan，1965）就动物的支配行为模式，提出了一个衡量级序的公式：

$$h=\frac{12}{n^3-n}\sum_{a=1}^{n}\left(v_a-\frac{n-1}{2}\right)^2 \tag{10-1}$$

式中　h—— 级序指数，也叫兰多指数；

n—— 群内个体数；

v_a—— 被第 a 个体支配的从属个体数。

系数 $\frac{12}{n^3-n}=\frac{12}{n(n+1)(n-1)}$ 的作用是用来校正 h，使之在 0 和 1 之间。

当 $h=0$ 时，每个动物个体在群内都有同样能力支配全群；当 $h=1$ 时，只有一个主体以直线式支配全群。

这里只举出这样一个例子。事实上，动物的支配行为十分复杂，在不同种群中有不同的情况，其关系也非常复杂，很难用一个公式来代表所有的种群支配行为。

第十一章 利他行为

动物的利他行为（altruism），一般是指牺牲自我，而使群中的其他个体得到利益。这种行为在自然选择中，对该个体本身是不利的，但是，对种群十分有利，这种行为常见于个体和种群全体的关系上。

第一节 利他行为的表现方式

从野生动物利他行为的研究结果分析，野生动物在自然界中的利他行为，通常可以有以下列三种表现方式（图 11－1）。

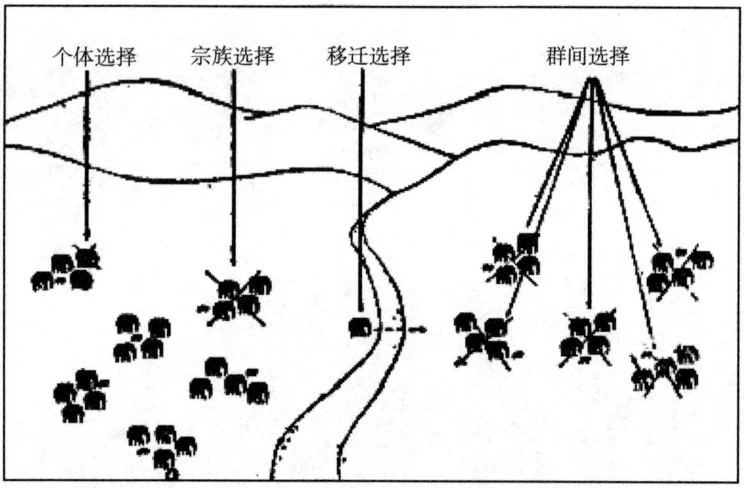

图 11－1 野生动物利他行为的选择形式（引自 Wilson，1975）

一、群体选择（group selection）

在动物群体中，有其最高群体利益的选择，即“牺牲小我，成全大我”。动物的个体利他行为，对动物全群十分有益，有时牺牲个体一个，可能会保护全群的安全。因此，这也是动物的群间选择（interdemic selection）。

二、亲属选择（kin selection）

在动物家族中，其亲属选择十分明显，可以说，它们也有“血浓于水”的亲情。常见到动物的“父母”为保护幼体，而与来犯之敌拼命打斗的现象，不惜牺牲自我而全力保护幼体。动物个体的利他行为对近亲宗族有益。

三、家族选择（family selection）

动物家族中的“亲子之爱”，个体的利他行为，对直系亲属十分有益。

动物种群的这些选择关系和“诚意、正心、修身、齐家、治国、平天下”的理念及人类的哲学十分相似，应用在人群社会中，要看实行的个体，如何体现这种关系，看是利他的或服务的，还是自私的或剥削的？

简单的利他和自私行为表现在个体本身，见图 11－2 左边的两图。图 11－2 右边的两败行为，常见于亲属选择，牺牲者（黑色个体）攻击他人（无色个体），而使有关系者（半黑色个体）得到好处（引自 Wilson，1975）。

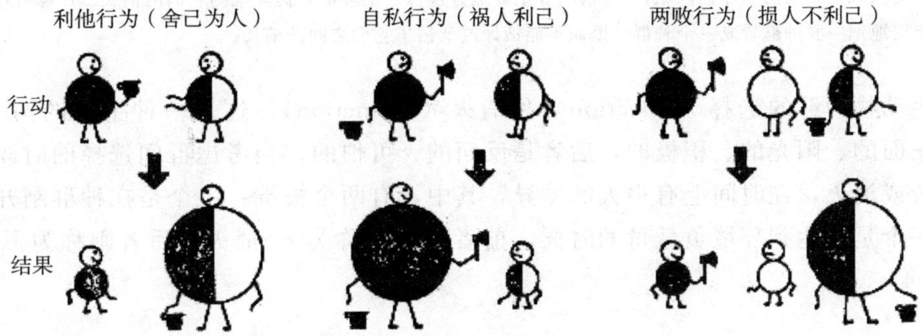

图 11－2　利他行为的演化图

第二节　群间选择

在动物世界里，一群同物种的种群，可以称为“集合种群”（metapopulation），它们散居在一个区域，成为不规则的分布。集合种群的关系，也如林木的关系。“见树不见林”和“见林不见树”，它们是相互对立的（图 11－3）。正确认识动物群间选择，方可正确地认识种群和群种之间的关系。在一定的时间里，有些种群消灭了，有些种群成长了。消灭了的动物种群，所留下来的空间被新的种群填补了。这些关系可以用下式来表示：

$$\frac{\mathrm{d}P}{\mathrm{d}t}=M\cdot P\ (1-P)\ -\bar{E}P \qquad (11-1)$$

式中　P——种群主力，即个体比例数；

t——时间单位；

M——增加个体比例数；

$\bar{E}$——消失个体比例数。

当动物种群达到平衡时，$\frac{\mathrm{d}P}{\mathrm{d}t}=0$，有：

$$M \cdot P\ (1-P)\ -\bar{E}P=0,\ P=\frac{M-\bar{E}}{M}=1-\frac{\bar{E}}{M}$$

在这种情况下，只有 $M>\bar{E}$ 的时候，动物种群才能继续存活下去，否则，P 等于负数。

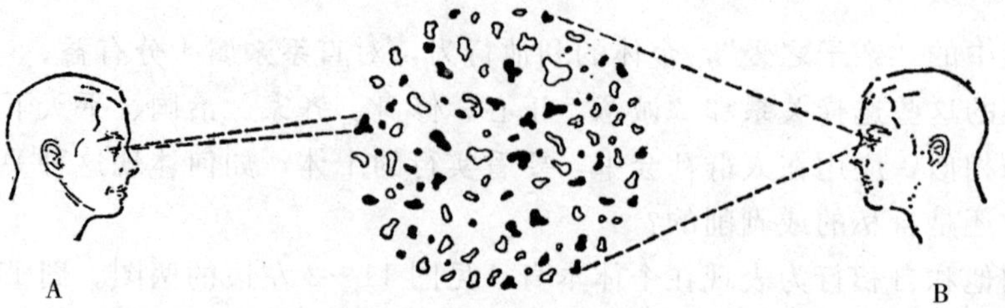

图 11－3　不同观测者观测方法图（仿自 Wison，1975）

注：种群是一个物种分布在不同区域的种集合体。其中，有些区域是空白的，即没有该种分布，有些区域是充满的（黑色区域）。A 观测者正确地分辨每一个种群，而能观测它们的消长。B 观测者错误地把一群种群看成一个种群，因而不能估计或低估了它们之间的消长。

野生动物种群的选择（selection）和消灭（extinction），这是一种生物的两个方面，前者是正面的、阳光的、积极的，后者是反面的、可怕的。当考虑群间选择的时候，动物种群生长或消灭，在时间上有很大的差异，其中，有两个极端：一个是在种群刚开始的时候；另一个是在达到环境负载量的时候。前者一般都称为 r－消灭，后者则称为 K－消灭，（图 11－4）。

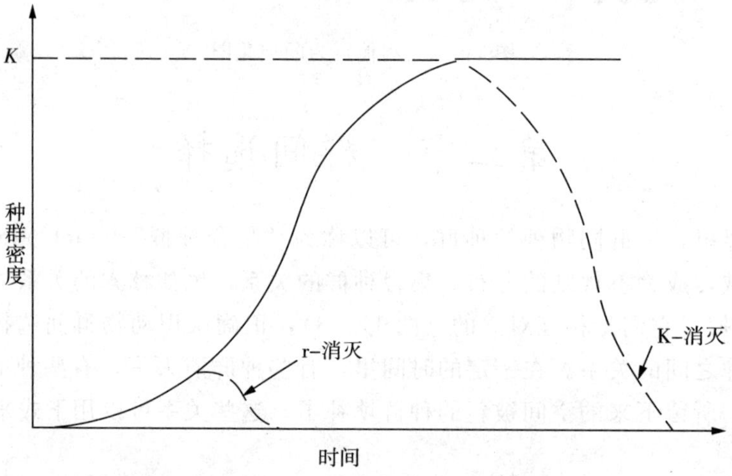

图 11－4　动物种群消灭的两个时态（仿自 Wilson，1975）

当动物种群在 r－消灭阶段的时候，动物的利他行为在群体中占优势，称为开创行为，使动物小种群集团能合作以抵御敌害，互相保证食物和栖息地，特别是种群的安全，因而能达到最大内在增加率，而使种群迅速生长。K－消灭阶段正好相反，在外界的密度有关因素的极端压力下，内在的因素也起了巨大的变化，互相减低，个体自我抑制，局限在栖息场所的局促、食物的短缺，甚至发育的控制，动物种群生长停止，因而它们就趋于消灭。

第三节　利他行为的实例

野生动物的利他行为的实例，在自然界比比皆是，这种行为不仅高等动物表现明显，而且一些低等动物的利他行为也十分显著。我们可以从下面的实例中，更进一步了解动物的这一行为表现。

一、防捕食者行为（thwarting predators）

在昆虫大家族中，它们的社会利他行为实例特别多。蚜虫和蚂蚁（*Camponotus japonicus*）分工合作，蚂蚁赶着蚜虫，在植物的嫩尖、幼茎上“放牧”，蚜虫的排泄物，又成了蚂蚁营养丰富的“乳液”。这种蚂蚁护养蚜虫防止天敌捕杀，是人们常见的一个例证（图 11－5）。

图 11－5　蚂蚁与蚜虫关系图

又如白蚁（*Nasutitermes*）的巢穴如被打开，工蚁和幼虫都向内快速移动，兵蚁则向外快速移到缺口处，以围堵缺口，保护工蚁和幼虫。另外一种蚂蚁（*Amitermes emerson*）的兵蚁，在有翅的繁殖蚁出巢以前，必定先出巢保护。工蜂的毒刺进入敌体以后，该工蜂本身也受重伤，甚至会死亡，事实上工蜂的这一行为就是为保护群蜂的一种自杀行为。但是，当它们的巢穴被侵扰时，它们会不顾一切向敌人发起攻击。

猿猴社会也有这种行为。例如，狒狒（*Papio ursinus*）在进食时，必定至少有一只优势雄性担任警卫，当捕食者或其他种群接近它们时，负责警戒的雄性，就会视不同距离及敌人的不同动作，向同伙发出预警、警告的叫声，同时，它还做好防御攻击。

蹄类动物中的羚羊（*Gazella*）、斑马（*Equus zebra*），在草原上觅食的时候，成体当中的优势个体就会在群体的外围，而弱小的个体则在群体的内里（图 11－6）。

鸟类在野外结群觅食及夜间结群栖息的时候，也会出现优势个体的成体在群外负责警戒任务的现象。如豆雁（*Anser fabalis*）、天鹅（*Cygnus columbianus*）等鸟类，它们在迁徙途中休息或觅食，或冬季结群越冬时，在种群外，总有一两只优势个体成鸟，负责警

图 11-6　在草原上觅食的羚羊群

图中一只体形高大的雄性羚羊，负责担任全群的警戒、以保护全群的安全。

戒，一旦发现有敌害或认为有敌人靠近，它就会发出警告，如情况十分危急时，它会在发出鸣声的同时，冲向入侵敌人以死保护全群的安全。

鸟类还会使用分移表现（distraction display）的方法，来转移捕食者攻击其幼鸟或巢穴，佯装受伤，将捕食者引开，然后，快速逃走。如夜鹰（*Chordeiles minor*）（图 11-7）、木鸭（*Aix sponsa*）、燕鸻（*Glareola maldivarum*）、沙鸻（*Charadrius mongolus*）（图 11-8）。

A　　　　B

图 11-7　夜鹰的分移表现（仿自 Wison，1975）

注：雌夜鹰常佯装落地，两翼下垂（A）或伸展（B），来分散或转移入侵捕食者对其巢穴的注意。

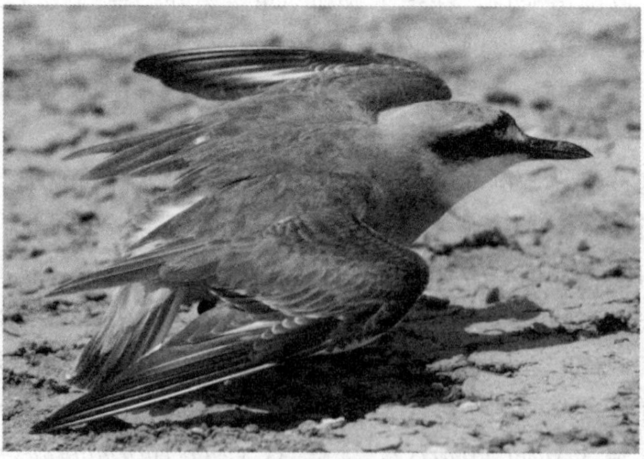

图 11-8　沙鸻看到入侵者靠近其巢时做出的跛行

在动物社会中，很多弱小的动物在对付强大敌人时，除了采取逃走的消极方式外（图 11－9），也有群殴表现（mobbing display）的积极方式（图 11－10）。鸥鸲（*Erithacus rubecual*）、画眉（*Garrulax canorus*）、白领鹀（*Emberiza schoeniclus*）、杂色山雀（*Parus varius*）等，当它们发现老鹰（*Accipiter nisus*）或猫头鹰（*Bubo bubo*）等捕食者，在它们领域内附近出现以后，即发出警告鸣叫声，然后，它们开始集合成群，对捕食者进行骚扰，直至将入侵者赶走为止。

在遇到敌害时，它们用结群的方式，躲避强大敌人的捕食，避免分开或小群被敌人全歼，从而保护种群的延续。但是，这种避敌结群的方式，可以躲避自然界的天敌，然而，它们的这种行为，一旦被人类利用，就成了一网打尽之鱼。

图 11－9　被捕食者与金枪鱼

注：从图中可以看出，当金枪鱼（*Euthynnus affinis*）靠近鱼群时，一群饵鱼（*Stolephorus pupureas*）开始向四周分散逃避的情形。

图 11－10　欧椋鸟避敌行（仿自 Wilson，1977）

注：图中欧椋鸟（*Sturnus vulgaris*）通常分散飞行，但如有鹰隼（*Falco peregrinus*）攻击时，它们就会迅速集合在一起，成为一堆，以共同对付敌人。

二、合作繁殖（cooperative breeding）

在动物大家族中，很多动物都喜欢合群生活在一起，如白蚁、蚂蚁、蜜蜂、胡黄蜂（*Parapolybia* spp.）（图 11－11）等合群生活的动物。一群中只有一只或少数繁殖个体，多数为非繁殖个体，它们的活动都为全群的生存而辛勤工作，其工作或专司防卫，或专门从事觅食，有的甚至专门从事抚育幼虫等，这些行为都是动物合作繁殖，保持种群繁荣兴旺的实例。

图 11－11　集群生活在一起侧异的胡蜂（*Parapolybia* sp.）

动物合作繁殖行为，在鸟类当中也有很多表现，如黑水鸡（*Gallinula chloropus*）、丛鸦（*Aphelocoma coerulescens*）等，它们在繁殖季节，都有帮忙者。它们抚育的对象多是“侄儿女”。这就是人们所说的亲属选择（图 11－12）。

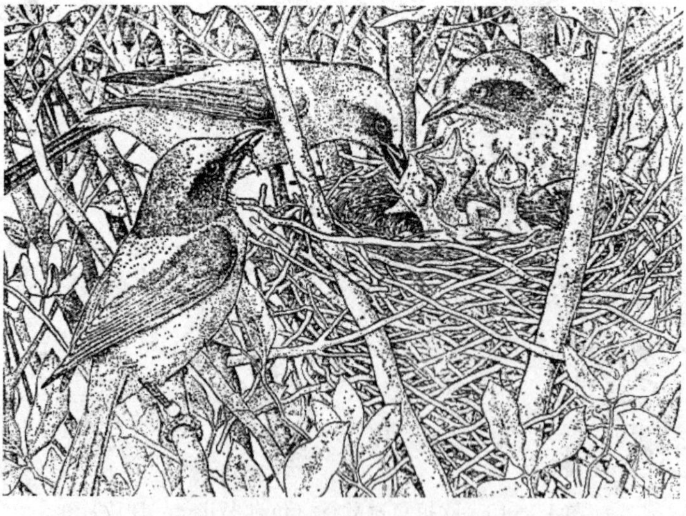

图 11－12　丛鸦的合作繁殖（仿自 Wilson，1975）

注：左边带有脚环的是一只亚成鸟，它在帮助母鸟喂同巢的小鸟。

野生火鸡（*Meleagris gallopavo*）种群在繁殖季节的合作繁殖行为更具有代表性。雄火鸡兄弟之间，先有一段时期的支配斗争，直到其中一只成了该群的主雄，它们就成了联盟的一对。以后它们在种群中，就共同争取支配权和配偶。这种“二雄联盟”是十分稳定的，也是永久的，即使其中一只死亡，另一只也只会孤独下去，绝不会与其他雄性火鸡结成新的联盟。生物学家瓦茨和斯托克斯（C. R. Watts and A. W. Stokes，1971）的观察证明，在一群 170 只火鸡中，将它们分成 4 组，从它们的交配表现看，只有 6 只主雄真正成功地完成交配，其他的只是帮助它们成功交配而已。

野生火鸡的亲属选择，主要表现在合作繁殖。图 11－13 中两对兄弟和一只孤独的雄火鸡正在进行它们的交配表现（mating display），尾羽散开，两翼重张，试图引起左面一只雌性火鸡的注意，最后一般都由优势对达到交配目的。

图 11－13　野生火鸡的亲属选择（仿自 Watts and Stokes，1971）

在塔斯马尼亚（Tasmania），生活着一种不会飞的鸟（*Tribonyx mortierii*），它们在每年的繁殖季节，组成的繁殖对或三角对，前者多是一雌一雄，而后者多为一雌二雄。这二雄是兄弟（人类社会也有这种现象，特别在一些经济落后的山区，显得尤为突出），三角对的组合产卵后的结果证明，其组合产卵较多，受精率高，而且雏鸟的成活率也很高（Smith Ridpath，1972）。在自然界动物种群中，这种行为具有一定的优势和积极作用，对其种群的繁衍和竞争有重要的现实意义。

非洲野狗（Canidae）群中，有很多这种现象，当主雌意外死亡，群中的成体，不论雌雄都会合力养育幼犬，直至它们能随群出猎（Estes and Goddard，1967）。

在猿猴社会当中，也有这种现象，野生黑猩猩群中，如果母黑猩猩不幸死亡，群中的幼雌就会承担养育年幼的弟妹之责（图 11－14），而不是由有育儿经验的主雌抚育没有母亲的幼猩猩（van Lawick-Goodall，1971）。

三、分食行为（food sharing）

在蚂蚁群中，其工蚁有一个全膨胀的嗉囊（crop）和一个砂囊（gizzard），合成一个可以供储藏和抽压的公共胃（communal stomach），当它们在野外吃饱了回巢以后，就可以把胃中的食物，喂给巢中的其他蚂蚁。其中，包括它们含有的共同信息素（Eisner，

图 11－14　未成年雌性猩猩代母养育弟妹

1957)。

蜜蜂中的工蜂也一样有这种反哺行为（regurgitation）（图 11－15）。这种行为在食物丰富的时候，还看不出它的重要性。当它们只有糖水供应的时候，事实上工蜂供给巢内幼虫的是含有蛋白质的食物，这时它们将糖水转化成营养丰富的蛋白质，以供给幼虫的生长、发育。工蜂的寿命和它们食物中的蛋白质的含量成正比（de Groot，1953）。

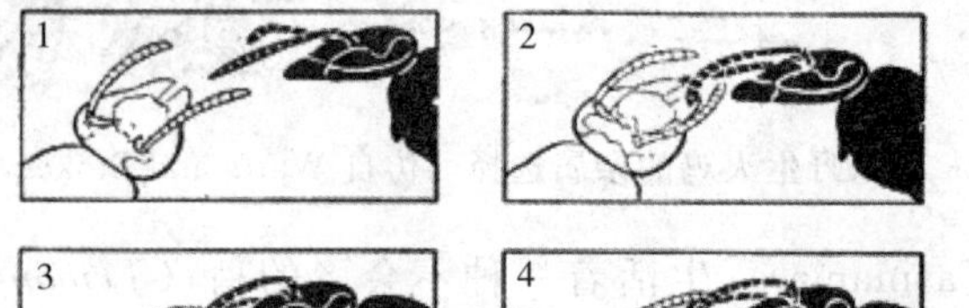

图 11－15　工蜂的分食行为或交哺行动（trophallxis）（仿自 Wilson，1975）

注：黄蜂的求食者（右边黑色），向分食者（左边无色）分食，先用触角尖轻触它的口器（1～2），分食者也将它的触角合拢（3），求食者于是将触角上下抖动继续轻触分食者口器（4～6），分食者遂将食物吐出（7）。

非洲野狗的分食行为更为突出。当它们出猎的时候，总有几只守穴保幼的狗，这些在后方留守的狗，其食物完全靠出猎者带回或反哺。有时主雌狗甚至还让守穴的成体和幼犬一样，同吮吸它的乳汁（图 11－16）（van Lawick-Goodall，1971）。

图 11－16 非洲野狗的分食行为（仿自 Wilson，1975）

第十二章 种群中的基因

第一节 基因库和基因频率

在自然界，野生动物种群就是一个基因库，其中，每一个体都是基因的携带者（gene carrier）。个体的特性，在遗传育种上所称的表现型（phenotype），原是由基因型（genotype）和基因（gene）的特性来决定的。因此，野生动物种群的特性，可以用表现型频率（phenotypic frequency）、基因型频率（genotypic frequency）和基因频率（gene frequency）来加以数量化。野生动物种群的遗传特性，经过数量化以后，其动态的变化，也就比较易于观察，进而能找到长期演化的规律。不幸的是环境因素太多、太复杂，而人类个体的能力十分有限。目前，这方面的研究，人类还处在理论探索阶段，许多问题需要不断探索，相关的技术有待进一步发展。

在野生动物种群演化的进程中，没有一个个体是专家，谁都不是过来人，也就是不能以某个个体的好恶，而决定种群的演化。在人类种群中，这个原则显得尤为重要。人类的演化只好经过“变异”和“选择”，而找到比较“正确”的途径。

人类种群由于变异，而面对“自然选择”（natural selection），因而达到“适者生存”（survival of the fittest）。种群中表现型频率，在长期的历史过程中的改变，即是基因频率经过个体繁殖，重新分离组合的结果，也就是种群生命延续遗传演化实际的过程。

大多数的动物是二倍体，通常进行两性生殖，每一个体的体细胞中的遗传物质，有一半来自母亲，一半来自父亲。当动物个体性成熟后，产生配子（gamete）的时候，性细胞，即卵原细胞（oogonium）或精子（sperm），再由它们结合成为二倍体合子（zygote）。这是一般二倍体生物生命周期中最基本的模式。

在二倍体动物的体细胞中，除少数特例外，主要遗传基因都是成对存在的。当一对基因完全相同时，称为“同型合子”（homozygote）。当一对基因不同时，称为“异型合子”（heterozygote），这不同的基因对，称为“等位基因”（alleles）（也可称为对偶基因），它是基因的“更替型”（alternative forms）。它们在同源染色体（homologous chromosomes）相同的位点（locus）上，故又称为“同位基因”。著名遗传学家孟德尔（Gregor J. Mendel）的“基因显隐，重组分离”的基本原则，即根据少数几对的等位基因的分析，而奠立了遗传学的基础。种群在遗传学方面的研究，也多符合它的原则，故多称“孟德尔种群”（Mendelian population）。

在基本遗传学中，他还介绍其他许多原则，如不完全显性（incomplete dominance）、

“复等位基因”（multiple alleles）、“复基因”（multiple genes）等，本书仅介绍一些种群基因频率的分析。

频率就是比例数，种群中表现型频率是容易计算出来的。博伊德（W. C. Boyd，1950）曾抽样调查北美洲印第安人种群内 MN 血型的分布，得到如下的结果（表 12－1）：

表 12－1　北美洲印第安人种群内 MN 血型分布调查表

表现型	MM	MN	NN	总　数
人　数	61	36	7	104
表现型频率	0.587	0.346	0.067	

（引自单国桢，1983）

因为 MN 血型是由同显性基因控制的，所以，这三种表现型也就是基因型，表现型频率也就是基因型频率。

基因频率是基因在种群中所占的比例数。上例中：

$$M=\frac{61\times2+36}{104\times2}=0.76，N=\frac{36+7\times2}{104\times2}=0.24$$

通常 M 基因频率用 p 表示，N 基因用 q 表示，因为 M 和 N 是等位基因，故 $p+q=0.76+0.24=1$。

第二节　哈文原则（Hardy－Weinberg’s principle）

1908 年哈迪（G. H. Hardy）和文伯特（W. Weinbery）分别指出，在一个巨大的、随机交配的和没有干扰基因平衡因素的种群中，等位基因频率和基因型频率，将世代保持不变。如各基因频率之和 $p_1+p_2+p_3+\cdots+p_n=1$，则各基因型频率等于多项式二次方（m^2），即$(p_1+p_2+p_3+\cdots p_n)^2$ 展开式中各相当项。现在为了简单介绍这个原则，设 $p_1=p$，$p_2+p_3+\cdots+pn=q$，故$(p+q)^2=p^2+2pq+q^2$。上节我们讲的例子，现在就可以做如下的分析：

按频率运算得到的计算人数，和原样品中的观测人数相当吻合。如果用卡方检验（Chi-squared test）来比较计算的和观察的人数，就知道这两套数字，在统计学上是符合的。

$$\chi^2=\sum\left[\frac{(\text{计算数}-\text{观测数})^2}{\text{计算数}}\right]=(60-61)^2+(38-36)^2+\frac{(6+7)^2}{6}=0.2887$$

自由度（degree of freedom）为 3－1＝2，可能率（probability）大于 0.8。

统计学上规定，当可能率大于 0.05 的时候，两套数目的偏差不显著（not significant）。现在可能率大于 0.8，证明印第安人种群中 MN 血型的基因频率是稳定平衡的，他们的生殖交配是随机的。

哈文原则中，基因频率世代不变的平衡，可以通过运算方法来证明。假定雌雄个体的基因型频率在动物种群的分布原来是符合该原则的，亲代和子代的基因型频率的关系可用

表 12-2 证明。

表 12-2 动物亲代和子代基因型频率关系表

基因型	MM	MN	NN	总　数
基因型频率	p^2	$2pq$	q^2	$(p+q)^2$
如 $p=0.76$，$q=0.24$	$(0.76)^2=0.5776$	2 (0.76) (0.24) $=0.3648$	$(0.24)^2=0.0576$	1.0
计算人数	10×0.577 6=60	104×0.364 8=38	104×0.057 6=6	104
观测人数	61	36	7	104

(引自单国桢，1983)

表 12-2 中 9 个亲代配偶对（事实上只有 6 种配偶对）所产生的子代基因型频率分布可以重新综合排列，以证明子代中的基因型频率及基因频率和亲代的相等，即 $p+q=1$，从表 12-3 可以证明这一点。

表 12-3 卡方检验表

自由度	可能率									
	0.95	0.90	0.70.	0.50	0.30	0.20	0.10	0.05	0.01	0.001
1	0.004	.016	0.15	0.46	1.07	1.64	2.71	3.84	6.64	10.83
2	0.10	0.21	0.71	1.39	2.41	3.22	4.61	5.99	9.21	13.82
3	0.35	0.58	1.42	2.37	3.67	4.64	6.25	7.82	11.35	16.27
4	0.71	1.06	2.20	3.36	4.88	5.99	7.78	9.49	13.28	18.47
5	1.15	1.61	3.00	4.35	6.06	7.29	9.24	11.07	15.09	20.52
6	1.64	2.20	3.83	5.35	7.23	8.56	10.65	12.59	16.81	22.46
7	2.17	2.83	4.67	6.35	8.38	9.80	12.02	14.07	18.48	24.32
8	2.73	3.49	5.53	7.34	9.52	11.03	13.36	15.51	20.09	26.13
9	3.33	4.17	6.39	8.34	10.66	12.24	14.68	16.92	21.67	27.88
10	3.94	4.87	7.27	9.34	11.78	13.44	15.69	18.31	23.21	29.59
11	4.58	5.58	8.15	10.34	12.90	14.63	17.28	19.68	24.73	31.26
12	5.23	6.30	9.03	11.34	14.01	15.81	18.55	21.03	26.22	31.91
13	5.89	7.04	9.93	12.34	15.12	16.99	19.81	22.36	27.69	34.53
14	6.57	7.79	10.82	13.34	16.22	18.15	21.06	23.69	29.14	36.12
15	7.26	8.55	11.72	14.34	17.32	19.31	22.31	25.00	30.58	37.70
20	10.85	12.44	16.27	19.34	22.78	25.04	28.41	31.41	37.57	45.32
25	14.61	16.47	20.87	24.34	28.17	30.68	34.38	37.65	44.31	52.62
30	18.49	20.60	25.51	29.34	33.53	36.25	40.26	43.77	50.89	59.70
50	34.76	37.69	44.31	49.34	54.72	58.16	63.17	67.51	76.15	86.66

(引自 Strickberger，1976)

第三节　种群遗传的定量分析

一、显隐性等位基因频率的运算

根据哈文原则，显隐性等位基因频率的运算就比较容易了。PTC（phenylth-iocarbamide，苯基硫酰胺）的苦味，很多人是尝不出来的。这些人都是合型合子隐性基因型（homozygoas recessive genotype）的PTC非尝者（PTC non-taster）的表现型。PTC味尝者的表现型（PTC taster phenotype）包含了同型合子显性基因型（homozygous dominant genotype）和异型合子显性基因型（heterozygous dominant genotype）。这种遗传基因频率的运算比较复杂，但是，应用哈文原则就可以做到简单明了（表12-4～表12-6）。

表12-4　基因遗传频率运算表

雄亲 / 子代 / 雌亲		AA	Aa	aa
		p^2	$2pq$	q^2
AA	p^2	AA×AA $p^2\times p^2=p^4$	AA×Aa $p^2\times 2pq=2p^3q$	AA×aa $p^2\times q^2=p^2q^2$
Aa	$2pq$	AA×Aa $p^2\times 2pq=2p^3q$	Aa×Aa $2pq\times 2pq=4p^2q^2$	Aa×aa $2pq\times q^2=2pq^3$
aa	q^2	AA×aa $p^2\times q^2=p^2q^2$	Aa×aa $2pq\times q^2=2pq^3$	aa×aa $q^2\times q^2=q^4$

（引自单国桢，1983）

表12-5　亲代基因型及其频率表

亲代基因型及其频率 $(p+q)^2\times(p+q)^3=(p+q)^4$		亲代基因型及其频率 AA	Aa	aa
AA×AA	$p^2\times p^2=p^4$	p^4		
(2) AA×Aa	$2\times p^2\times 2pq=4p^3q$	$4p^3q$	$2p^3q$	
(2) AA×aa	$2\times p^2\times q^2=2p^2q^2$		$2p^2q^2$	
Aa×Aa	$2pq\times 2pq=4p^2q^2$	p^2q^2	$2p^2q^2$	p^2q^2
(2) Aa×aa	$2\times 2pq\times q^2=4pq^3$		$2pq^3$	$2pq^3$
aa×aa	$q^2\times q^2=q^4$			q^4
总频率	$p^4+4p^3q+6p^2q^2+4pq^3+q^4$ $=(p+q)^4$	$p^4+2p^3q+p^2q^2$ $=p^2(p^2+2pq+q^2)$ $=2pq(p+q)^2$	$2p^3q+4p^2q^2+2pq^3$ $=2pq(p^2+2pq+q^2)$ $=2pq(p+q)^2$	$p^2q^2+2qp^3+q^4$ $=q^2(p^2+2pq+q^2)$ $=q^{2}(p+q)^2$

（引自单国桢，1983）

表 12-6　显隐性等位基因运算表

已知	表现型	PTC 味尝者		PTC 非尝者	总数
	人数	60		40	100
计算	表现型频率	60÷100=0.6		40÷100=0.4	1.0
计算原则	基因型	TT	Tt	tt	
	基因型频率	p^2	$2pq$	q^2	$(p+q)^2=1.0$
计算	基因频率	$q=\sqrt{0.4}=0.63$ $p=1-q=1-0.63=0.37$			$p+q=1.0$
	基因型频率	$p^2=(0.37)^2$ $=0.1369$	$2pq=2(0.37)(0.63)$ $=0.4662$	$q^2=(0.63)^2$ $=0.3969$	$p^2+2pq+q^2$ $=1.0$
	人数	100×0.1369=14	100×0.4662=47	100×0.3969=40	100

（引自单国桢，1983）

从以上的运算看，这种方法还是比较简单的，但是，在自然界的种群中并不是如此简单，特别是完全显隐性等位基因频率的运算，单凭 9^2 的数据来推算其他频率的方法并不完全可靠。因此，斯奈德（L. H. Snyder，1947）根据亲代和子代基因型频率的关系，提出了一个检验的方法，找出：

（1）显性表现型和显性表现型交配的子代中，隐性表现型的频率等于 $[9/(1+9)]^2$；

（2）显性表现型和隐性表现型交配的子代中，隐性表现型的频率等于 $9/(1+9)$。

由表 12-7 可以看出，在显性表现型和显性表现型交配的子代中，只有异型合子显性基因型的双亲，才有可能产生同型合子隐性基因型，也就是人们常说的隐性表现型的子代，其频率是 $4p^2q^2$ 的四分之一。但是，其全部子代各型频率的总和则是 $p^4+4p^3q+4p^2q^2$。因此：

$$\frac{p^2q^2}{p^4+4p^3q+4p^2q^2}=\frac{p^2q^2}{p^2\ (p^2+4pq+4q^2)}=\frac{q^2}{(p+2q)^2}=\frac{q^2}{(p+q+q)^2}=(\frac{q}{1+q})^2$$

表 12-7　显隐性表现型统计表

子代　雄亲 / 雌亲			显性表现型		隐性表现型
			AA	Aa	aa
			p^2	$2pq$	q^2
显性表现型	AA	p^2	AA×AA p^4	AA×Aa $2p^3q$	AA×aa p^2q^2
	Aa	$2pq$	AA×Aa $2p^3q$	Aa×Aa $4p^2q^2$	Aa×aa $2pq^3$
隐性表现型	aa	q^2	AA×aa p^2q^2	Aa×aa $2pq^3$	Aa×aa q^4

（引自单国桢，1983）

显性表现型和隐性表现型交配所产生的子代中，同型合子隐性基因型的频率，应该是 $4pq^3$ 的一半。而其全部子代各型频率的总和则是 $2p^2q^2+pq^3$。因此：

$$\frac{2pq^3}{2p^2q^2+4pq^3}=\frac{2pq^2q}{2pq^2\ (p+2q)}=\frac{q}{p+q+q}=\frac{q}{1+q}$$

斯奈德的数据见表 12-8。

表 12-8 显隐性表现型交配产生子代统计表

亲代		子代			PTC 非尝者在子代中的频率	
配偶对	对数	PTC 味尝者	PTC 非尝者	总数	观测率	计算率
PTC 味尝者×PTC 味尝者	425	929	130	1 059	0.123	0.122
PTC 味尝者×PTC 非尝者	289	483	278	761	0.356	0.349
PTC 非尝者×PTC 非尝者	86	(5)	218	223	—	—
总数	800	1 417	626	2 043		

（引自单国桢，1983）

PTC 非尝者在子代中的频率是这样计算的：

$$q=\sqrt{\frac{289+2\times 86}{2\times 800}}=\sqrt{0.288125}=0.537，\quad \frac{q}{1+q}=\frac{0.537}{1.537}=0.349，\quad \frac{278}{761}=0.365$$

$$\left(\frac{q}{1+q}\right)^2=(0.349)^2=0.122，\quad \frac{130}{1\ 059}=0.123$$

上面的例子证明计算的和观测的 PTC 非尝者在子代中的频率是相符合的，也就是这个种群是符合哈文原则的。唯一有矛盾的是非尝者和非尝者的配偶对中，产生了 5 个味尝者，这可能是测验的误差，也可能有非婚生子女或养子女包括在内的缘故。

二、复等位基因频率的运算

人类主要血型有四个表现型，即 A、B、AB 和 O，由三个复等位基因 I^A、I^B 和 i 分别成对组合，而且 I^A 和 I^B 是同显性基因，i 是隐性基因。三个基因当中，任何两个可以形成一对，因此，一共有六个基因型，即 I^AI^A、I^Ai、I^BI^B、I^Bi、I^AI^B 和 ii。这个运算稍微复杂一点。今假定 I^A、I^B 和 i 的基因频率一次分别为 p、q 和 r，其运算步骤见表 12-9。

表 12-9　复等位基因频率运算表

<table>
<tr><td rowspan="2">已知</td><td>表现型</td><td colspan="2">A</td><td colspan="2">B</td><td>AB</td><td>O</td><td>总数</td></tr>
<tr><td>人　数</td><td colspan="2">360</td><td colspan="2">104</td><td>48</td><td>288</td><td>800</td></tr>
<tr><td>计算</td><td>表现型频率</td><td colspan="2">360÷800
=0.45</td><td colspan="2">104÷800
=0.13</td><td>48÷800
=0.06</td><td>288÷800
=0.36</td><td></td></tr>
<tr><td rowspan="2">计算原则</td><td>基因型</td><td>I^AI^A</td><td>I^Ai</td><td>I^BI^B</td><td>I^Bi</td><td>I^AI^B</td><td>ii</td><td></td></tr>
<tr><td>基因型频率</td><td>p^2</td><td>$2pr$</td><td>p^2</td><td>$2qr$</td><td>$2pq$</td><td>r^2</td><td></td></tr>
<tr><td rowspan="3">计算</td><td>基因型频率的运算</td><td colspan="2">$p^2+2pr+r^2$
$=0.45+0.36$
$=0.81$
$p+r=\sqrt{0.81}$
$p+r=0.9$
$p=0.9-0.6$
$p=0.3$</td><td colspan="2">$p^2+2pr+r^2$
$=0.13+0.36$
$=0.49$
$p+r=\sqrt{0.49}$
$p+r=0.7$
$p=0.7-0.6$
$p=0.1$</td><td></td><td>$r^2=0.36$
$r=\sqrt{0.36}$
$r=0.6$</td><td></td></tr>
<tr><td>基因型频率</td><td>$p^2=0.3^2$
$=0.09$</td><td>$2pr$
$=2\times0.3$
$\times0.6$
$=0.36$</td><td>$q^2=0.1^2$
$=0.01$</td><td>$2pr=2\times$
$0.01\times$
0.6
$=0.12$</td><td>$2pr$
$=2\times0.3\times$
0.16
$=0.06$</td><td>$r^2=0.6^2$
$=0.36$</td><td></td></tr>
<tr><td>人　数</td><td>800
×0.09
72</td><td>800
×0.36
288</td><td>800
×0.01
8</td><td>800
×0.12
96</td><td>800
×0.06
48</td><td>800
×0.36
288</td><td>800</td></tr>
</table>

（引自单国桢，1983）

第十三章 变 异

达尔文（Charles R. Darwin，1859），在他划时代的著作《生物起源》（*On the Origin by Means of Natural Selection*，*or the Preservation of Faroared Races in the Struggle for Life*）一书中，首先，明确指出物种个体和个体间有变异（variation），同属中的物种和物种间有变异。现今我们不仅知道生物中有变异，而且也知道一些造成变异的原因。

第一节 变异的类型

从动物演化学的观点分析，变异有两种类型，即个体变异（individual variation）和群体变异（group variation）。

一、个体变异

在二倍体动物种群中，没有两个个体绝对一样，即使是同卵双生的兄弟或姊妹，都有变异。恩斯特·迈尔（1970）把非遗传性的个体变异做如下的分析。

（一）时间性的变异（variation in time）

（1）年龄变异（age variation）；

（2）季节变异（seasonal variation）；

（3）世代变异（variation of generation）。

（二）社会性的变异（social variation）

（三）生态性的变异（ecological variation）

（1）居所的变异（habitat variation）；

（2）暂时环境导致的变异（variation induced by tempory environmental conditions）；

（3）寄主决定的变异（host determined variation）；

（4）密度有关的变异（density-dependent variation）；

（5）异速生长（allometric variation）；

（6）神经元的体色变异（neurogenic color variation）。

（四）创伤性的变异（traumatic variation）

（1）寄生导致的变异（parasite variation）；

（2）意外的和畸形的变异（accident and teratological variation）。

个体在外表体型形态上、生理功能上、社会行为上及生态环境适应上，都因客观环境不同而有变异，但是，这些变异也和动物个体本身的遗传有关。

遗传性的变异又可分为性质的或非连续性的变异（qualitative or discontinuous variation）及数量的或连续性的变异（quantitative or continuous variation）。前者如果蝇（*Drosophila melanogaster*）的长翅和残翅，PTC味尝者和非尝者，都是由一对或少数几对基因控制的。后者如身高和体重，是由多对基因所控制的，故又称多对基因遗传（polygenic inheritance）。

二、群体变异

动物中的同物种的种群中有变异，多因地理分布而起，也就是地理变异（geographic variation），通常有以下几个明显特征：

(1) 每个物种在不同地区的种群中都有一定的特性，其中，它们的基因频率都不相同。

(2) 地理变异除少数种群外，多数种群是适应性的。

(3) 这类生态适应性是一种离心的演化力（entrifugal evolutionary force），在增加物种的遗传分歧（genetic diversity），结果是基因流传连续地和环境相互影响调整，造成特有的变异。

第二节　变异的数量分析

一般动物的连续性变异的数量多符合正态分布（normal distribution），也叫正态频率分布（normal frequency distribution）（图13-1）。这在动物种群统计学上非常重要，普通统计一般包括平均数（mean）、方差（variance）和标准差（standard deviation）。这三个变量（parameters）也称为参变数，是种群的主要数量特性，代表三个基本的性质。

一、平均数

普通统计只用算术平均数（arithmatic mean），以表示中央趋势的度量（measure of central tendancy）。

$$\bar{x}=\frac{\sum_{i=1}^{n}x_i}{n} \tag{13-1}$$

式中　$\bar{x}$—— 算术平均数；

$\sum_{i=1}^{n}x_i$—— 个体度量总和；

n—— 种群中抽样的个体。

有时动物抽样中的个体数很大，而且有些个体的数量相同相近，可以用频数表示，于是

$$\bar{x}=\sum_{i=1}^{n}(f_i x_i),\ f_i=\frac{n_i}{n}$$

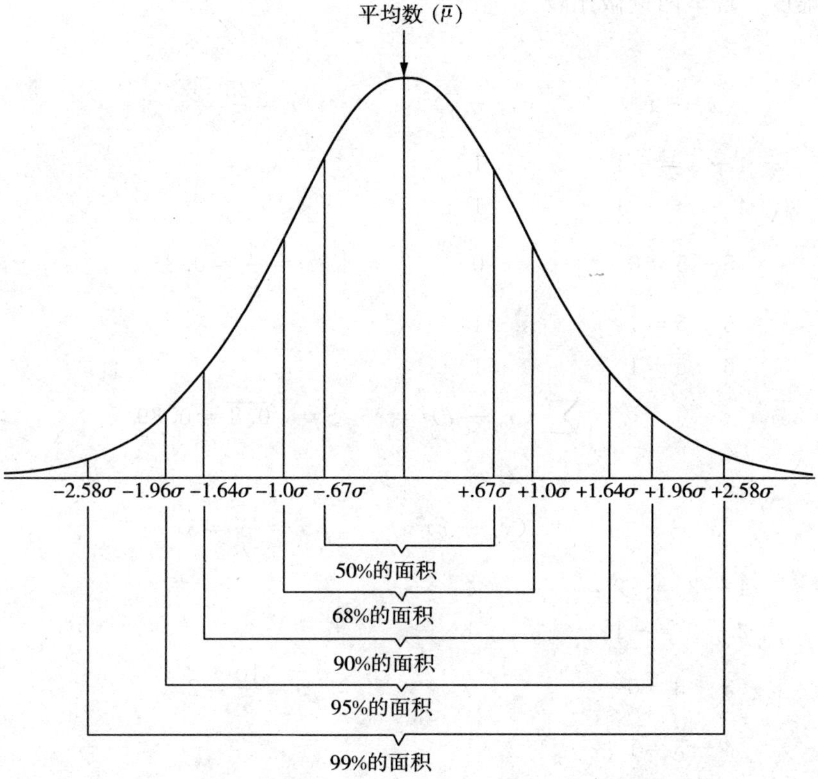

图 13－1　正态分布曲线图(引自 Strickberger，1976)

注：图中最常见出现的数值，即成最高频率，代表平均数($\bar{\mu}$)，从最高点向较小或较大的两方依次递减，形成钟形对称曲线。该线和底轴所包括的面积，依标准差($\bar{O}$) 的度量而有不同，通常抽样平均数以 $\bar{x}$，标准差以 S 来表示。

二、方差

动物个体数量和平均数量之差的平方的平均数，即方差。

$$v=\frac{\sum_{i=1}^{n}(x_i-\bar{x})^2}{n}\text{ 或 }v=\left[\sum_{i=1}^{n}(f_i x_i{}^2)\right]-\bar{x}^2 \qquad (13-2)$$

三、标准差

变异度的平方根就是标准差。

$$S=\sqrt{\frac{\sum_{i=1}^{n}(x_i-\bar{x})^2}{n}} \qquad (13-3)$$

正态分布的钟形曲线中，$\bar{x} \pm S$ 之间的面积为其全面积的 68%。$\bar{x} \pm 2S$ 之间的面积约为其全部面积的 96%。$\bar{x} \pm 3S$ 之间的面积则为全面积的 99.7%。因此，标准差的大小显示全群变异的幅度。现举两例做比较。

例一：

x_i	$x_i - \bar{x}$	$(x_i - \bar{x})^2$	
			$\bar{x} = \frac{25}{5} = 5$
4	$4-5=-1$	1	
4	$4-5=-1$	1	
5	$5-5=0$	0	$v = \frac{4}{5} = 0.8$
6	$6-5=1$	1	
6	$6-5=1$	1	

$\sum x_i = 25$　　$\sum (x_i - \bar{x})^2 = 4$　　$S = \sqrt{0.8} = 0.89$

例二：

x_i	$x_i - \bar{x}$	$(x_i - \bar{x})^2$	
			$\bar{x} = \frac{15}{5} = 3$
1	$1-3=-2$	4	
2	$2-3=-1$	1	
3	$3-3=0$	0	$v = \frac{10}{5} = 2$
4	$4-3=1$	1	
5	$5-3=2$	4	

$\sum x_i = 15$　　$\sum (x_i - \bar{x})^2 = 10$　　$S = \sqrt{2} = 1.4$

由上两例可知第二个样品的变异度较大，个体的特征变异较分散，频率分布也较广阔。

第三节　多型现象

动物种群中具有许多不连续的表现型，即为多型现象（polymorphism）。福特（E. B. Ford，1971）认为，遗传的多型现象是在一个地区中某物种的种群中存在着两个以上不连续的形态。其中，最少的一型在群中的比例数不只是因为突变而出现的。如蜜蜂、蚂蚁种群中，多型个体的分化多因不连续遗传及环境的不同而造成变异，这是动物种群内个体变异的一种表现。

动物的表现型不仅是在外表的形态。固然外表形态有类似爬行类的外壳花纹，鸟类和哺乳类动物的羽色和毛色（图 13-2），昆虫外骨骼上的花纹，蜗牛外壳的左旋或右旋等，都是很鲜明的例子，但其他如血型、蛋白质、代谢酶等，也都是多型现象。

多型现象多是受复等位基因（multiple alleles）或拟等位基因（pseud-alleles）所控制的，如果蝇（*Drosophila melanogaster*）复眼的色泽、人类的血型，或多或少都是受环境

图 13 - 2 多型现象

A—雁鹅群中不同羽色的个体，左为雪雁，右为蓝雁；B—王蛇群中不同花色的个体，有时在同一巢中出现

因子的影响交互作用而成，有所谓的平衡的多型现象（balanced polymoyphism）。在自然种群中，具有稳定的表现型频率或基因型频率的时候，它的多型现象即是平衡的，可以说这个平衡是自然选择的结果。

异型合子（heterozygote）与多型现象有很大的关系。非洲东部异型合子镰形细胞贫血（siclcle cell anemia）（图 13 - 3）的人群，对疟疾有抵抗力，而无恶性贫血的毛病。他们比同型合子正常人和合型合子贫血人都较能适应环境。因为正常人多因染疟疾而死亡，而贫血人却又因贫血而死亡。但是，异型合子轻度贫血的子女中，又各有 1/4 的机会是同型合子正常人和同型合子贫血人，其余一半是异型合子轻度贫血人。这在非洲当地是存在的，也是适应的。美国黑人的祖先有一部分是从该地区出来的。据估计，在 300～350 年，大约有 12 代的时间，此病在美国黑人种群中，从过去的 22%降到 9%。无疑的是同型合子正常人因无疟疾的死亡在种群中

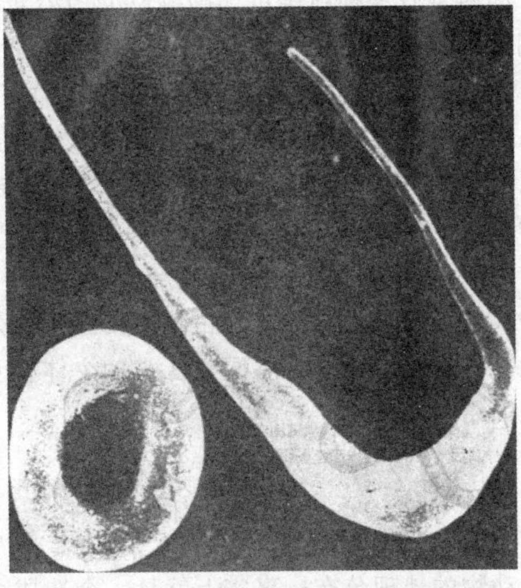

图 13 - 3 镰形细胞（右）和正常细胞（左）

图中这种变形细胞是因为反常血红蛋白在低氧压的情况下，而出现的一种现象。

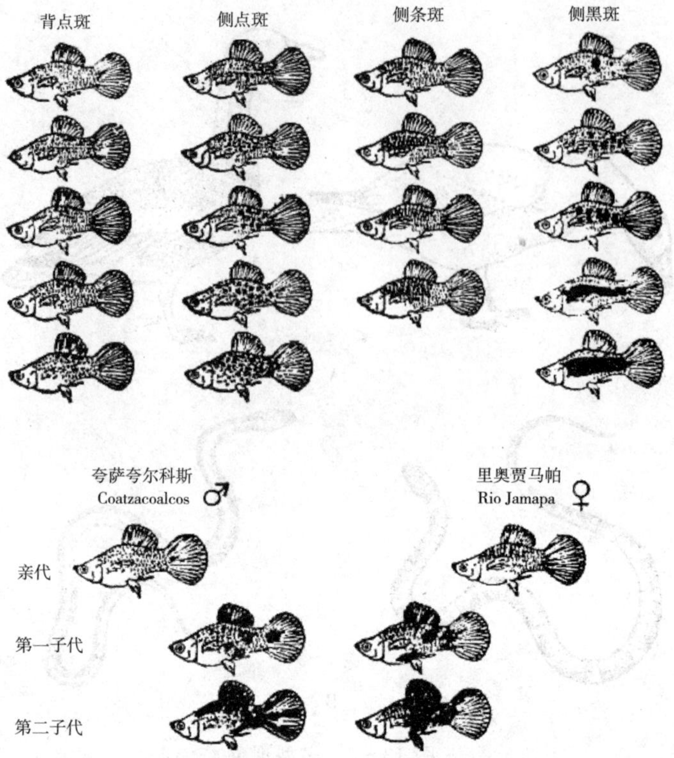

图 13-4　墨西哥扁尾鱼（*Platypoecilus maculatus*）的形态变异（引自 Emmel，1926）

注：该鱼种群中个体的形态变异和两个地区种群个体杂交。第二子代是第一子代个体和母亲个体反交的结果。

增加的缘故（Allison，1954）。

墨西哥有一种扁尾鱼（*Platypoecilus maculatus*），身上的黑色斑纹有些在背上、有些在侧面、有些呈网纹状、有些呈宽带形，花纹大小不一（图 13-4）。这种斑纹的作用和伪装、掩护、警戒、识别等都有密切的关系。不同种群中表现型的频率都有一定数（Wallace，1968）。同一地区的鱼互相交配的实验结果，证明不同的斑纹是由不同的等位基因所控制（Gordon，1947）。但是，不同地区的鱼交配实验，都产生和预期不同的结果，如背上有斑点的夸萨夸尔科斯（Coatzacoalcos）地方的雄鱼和里奥贾马帕（Rio Jamapa）地方的雌鱼交配，第一子代身上有不规则的大斑纹。如把第一子代和雌亲一系做反交，第二子代身上的斑纹更大。真正的原因还不清楚，不过动物的平衡多型现象，一般是遗传和环境交互影响的结果，不同地区来的个体相互交配，可能增加了多型遗传基因，而有超出预期的结果。

第四节　地理变异

动物的地理分布，事实上就是一个造成变异的地理因素。一是地理环境不同，同物种的种群可以分化为亚种，进而逐渐演化为不同的物种；二是异物种的种群由于地区相连，也可能会有基因的流传，进而逐渐演化合并或产生分化。这些都是和物种形成有关系的。

同物种的种群分布在不同地区，在外形上有明显的变异是比较正常的一种现象。但是，不同地区外形相似的动物，它们是否是同一种物种，还需要进行科学的分析，最重要的是要证明它们是生殖隔离（reproductive isolation）的。

一、亚种（subspecies）

野生动物分类学上的亚种，通常是指物种在不同地区的种群，也称地理上的种族（geographic races）。一个物种可以分为许多地理亚种的叫作多型物种（polytypic species）。这就代表地理变异，也就是群体变异。这种例子是很多的。

生活在东南亚的大盘尾（*Dicrurus paradiseus*），这种鸟类差异比较明显。据迈尔和沃里（E. Mayr and C. Vaurie，1948）的调查，在该地区一共有12个鲜明差异的种群，它们的特征是头冠上的羽毛依地区不同而有差异（图13-5）。

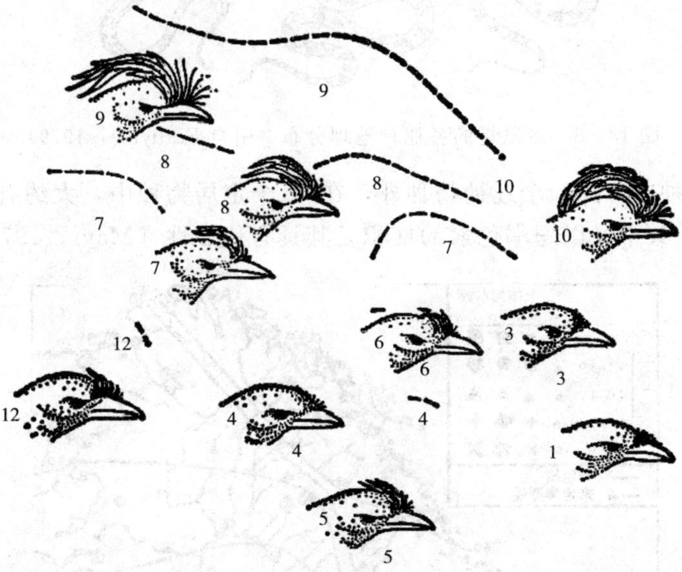

图13-5 大盘尾的地理变异（引自 Mayr and Yaurie，1948）

注：从图中可以看出，该鸟由原来的低头冠基础型1型逐渐演化成分布在不同地区的各型（图中未显示2型和11型）。

美国东南部的老鼠蛇（*Elaphe obsoleta*），在体色、斑纹和条纹的外形上，依地区不同而产生明显的变异。它们在分布的边缘地区，其外部形态有明显的杂交现象。从它们外部形态的变化看，显然它们是同一物种，只因生态环境的影响呈现表现型的地理变异（Conant，1958）（图13-6）。

二、渐变群（cline）和等型线（isophene）

在自然界中，地理变异的分布常有一系列的渐变群，依表现型的程度呈现规则的连续排列分布，并有梯度（gradient）。动物的这种渐变和表现型，在地图上可用等型线划分出来。如暗脉菜粉蝶（*Pieris napi*）在北欧的分布（Petersen，1947），即是一个十分典型的

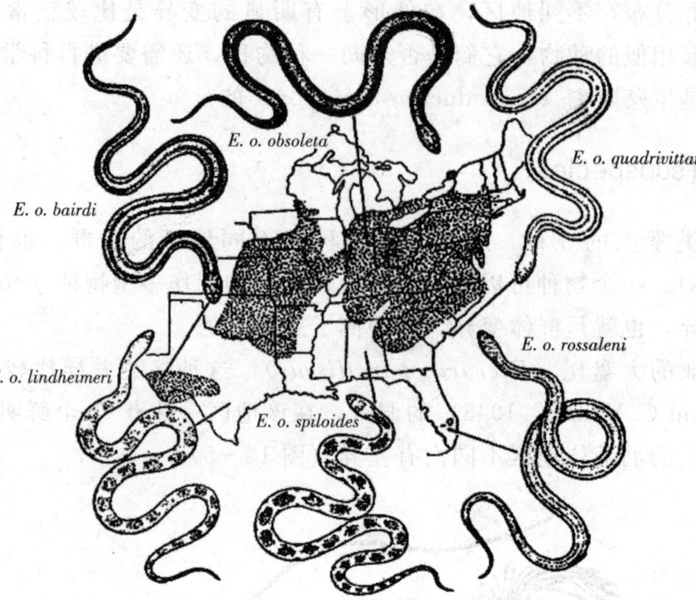

图 13－6　老鼠蛇的各亚种地理分布（引自 Futuyme，1979）

例子。在 16 个物种中，除 6 个迁徙物种外，在 10 个定居物种中，大约有 20％的物种的特征呈渐变群分布，其中又以翅端色素的堆积尤其具有代表性（Mayr，1970）（图 13－7）。

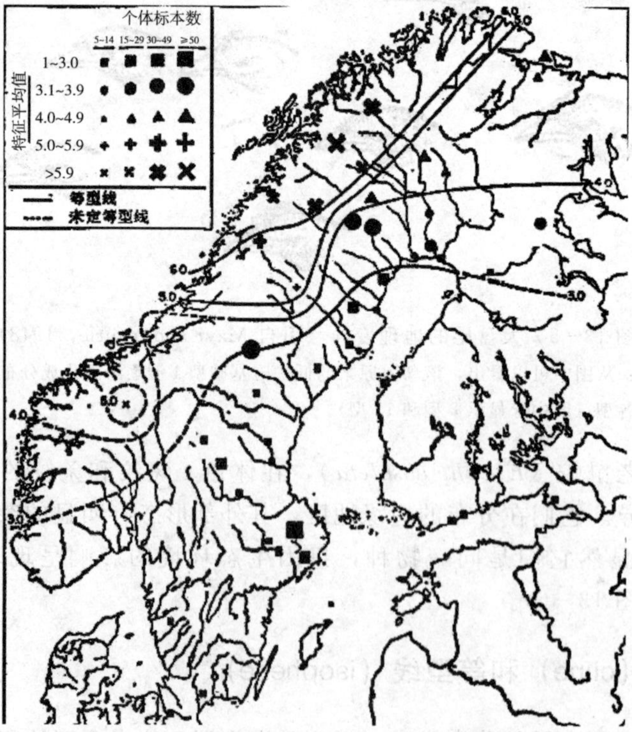

图 13－7　暗脉菜粉蝶在北欧的分布（引自 Mayr，1970）

注：按雌蝶翅上色素等差做有规则的地理分布。

第十四章 突 变

著名生物学家西奥多西斯·多步让斯基（Theodosius Dobzhansky），在研究动物遗传时指出："动物遗传是保守的过程，以维持生命系统的稳定性。"遗传物质脱氧核糖核酸（DNA）所携带的核酸肽（nucleotide）次序在复制的时候，它们应该是完全一样的。但是，世界上没有一件事件是永远不变的，在自然演化过程中，由于内外环境的交互作用，一点点轻微的偏差就可以造成不可恢复的改变。所谓"差之毫厘，谬之千里"，何况长年累代的改变，这种改变可能是累积式的，所谓"功亏""失""谬"，其实这些都是主观的。在物种的演化过程中很难断定功过，只有顺应客观规律，它们才能继续演化与发展，也就是人们所说的"适者生存"。

突变（mutation）是遗传物质的改变，在突变中出现基因重组（gene recombination），这种重组是不同的。重组一般是遗传物质组合的变异。基因突变可分为大改变（macrolesion）和小改变（microlesion）两大类。前者一般是指遗传物质大幅度的改变，即核型的改变（kargotypic changes）。后者通常是指遗传物质小幅的改变，即基点突变（point mutation）。

第一节 核型改变

核型（karyotype），又称为染色体组型。每种动物的细胞都有一定数目的染色体。遗传学家用核型分析方法，将整套染色体染色，依据它们的大小形态和化学反应排列，可以测知整套染色体的结构；又用体细胞杂交（somatic cell hybridization）的方法，来测定基因和它所控制的酶（enzyme），进而识别基因在染色体中的位置。这种研究工作叫作"染色体图谱制作"（chromosomal mapping）（图 14－1）。

核型改变，通常又称染色体畸变（chromosomal aberration），这种改变分为结构的改变和数目的改变两大类。

一、染色体结构的改变

线体状的染色体的结构一般有以下几种：

（1）缺失（deletion）——染色体一段遗失。

（2）重复（duplication）——染色体一段重复。

（3）颠倒（inversion）——染色体一段的次序颠倒。

（4）移位（translocation）或称之为“易位”——染色体一段移动位置和一条非同源染色体（non-homologous chromosome）连在一起。

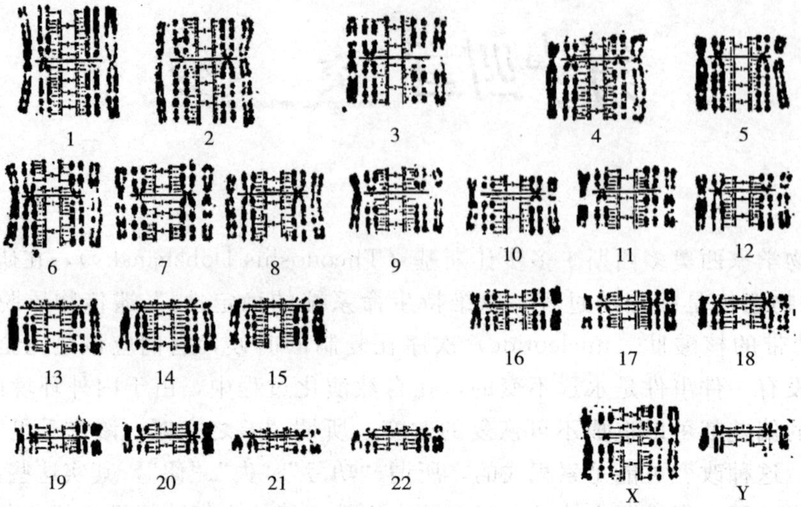

图 14－1　人类核型图谱（引自 Gardner and Snustad，1981）

注：图中每条染色体用不同的染色方法显示出不同条纹。

二、染色体数目的改变

染色体数目的改变，通常分为两种：

（1）整倍性（euploidy）改变或称为“全套改变”——染色体数目整套增加或减少，如单倍、二倍、三倍以至多倍。

从图 14－1 中可以看出，人类体细胞中常染色体 22 对，性染色体 1 对。后者决定性别，即女性有一对 X 染色体，男性有 X 和 Y 染色体各一条。图中每条染色体用不同的染色方法显示出不同条纹。

（2）非整倍性（aneuploidy）改变或称为“非全套改变”——少数几个染色体数目增加或减少，如单体（monosomic）、二体（disomic）、三体（trisomic）以至多体（polysomic）。事实上，以上不正常的改变，造成基因体细胞中的增减，因而改变基因型和表现型。

第二节　基点突变

突变发生在遗传物质 DNA 分子中的核酸肽上，使遗传密码（genetic code）改变，传递错误信息，而使合成的蛋白质带有和原来不一样的氨基酸（amino acid），造成表现型的改变。这种突变大致可以分为两大类。

一、核酸肽基替换（substitution of nucleotide bases）

在 DNA 复制过程中，或 RNA 转录过程中，由于肽链的替换而有改变。这样的替换通常有两种。

(1) 转换(transition)——腺嘌呤(adenine)换成鸟嘌呤(guanine),由两个氢链的A—T对,变成三个氢链的G—C对。T代表胸腺嘧啶(thymine),C代表胞嘧啶(cytosime)。

(2) 颠换(transversion)——腺嘌呤换成胸腺嘧啶,由A—T对变成了T—A对,或G—C对变成C—G对。

二、结构移动(frame shift)

核酸肽的次序本来是一定的,由于下列两种因素的干扰,肽基次序发生改变。

(1) 插入(insertion)——加入一个另外的肽基。

(2) 删去(deletion)——去掉一个原有的肽基。

遗传密码原是由三个核酸肽组成一组,每组特定一个氨基酸,如果密码稍有改变,氨基酸的次序也就不太一样,合成的蛋白质也就不同。因此,在"基因→酶(蛋白质)→生化反应→表现型"的一连串的关系中就有了改变(图14-2)。

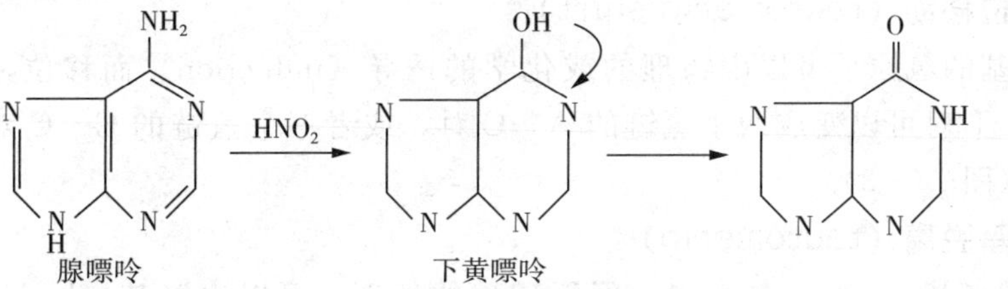

第一个碱基	第二个碱基				第三个碱基
	G	A	C	U	
G	GGG Glycine	GAG Glutamic Acid	GCG Alanine	GUG Valine	G
	GGA Glycine	GAA Glutamic Acid	GCA Alanine	GUA Valine	A
	GGC Glycine	GAC Asparic Acid	GCC Alanine	GUC Valine	C
	GGU Glycine	GAU Asparic Acid	GCU Alanine	GUU Valine	U
A	AGG Arginine	AAG Lysine	ACG Threonine	AUG Start Chain Methionine	G
	AGA Arginine	AAA Lysine	ACA Threonine	AUA Isoleucine	A
	AGC Serine	AAC Asparagine	ACC Threonine	AUC Isoleucine	C
	AGU Serine	AAU Asparagine	ACU Threonine	AUU Isoleucine	U
C	CGG Arginine	CAG Glutamine	CCG Proline	CUG Leucine	G
	CGA Arginine	CAA Glutamine	CCA Proline	CUA Leucine	A
	CGC Arginine	CAC Histidine	CCC Proline	CUC Leucine	C
	CGU Arginine	CAU Histidine	CCU Proline	CUU Leucine	U
U	UGG Tryptophan	UAG End Chain	UCG Serine	UUG Leucine	G
	UGA End Chain	UAA End Chain	UCA Serine	UUA Leucine	A
	UGC Cysteine	UAC Tyrosine	UCC Serine	UUC Phenylalanine	C
	UGU Cysteine	UAU Tyrosine	UCU Serine	UUU Phenylalanine	U

酸性的 芳香的 碱性的 中性的 含铁的

Alanine	丙氨酸	Glycine	甘氨酸		
Arginine	精氨酸	Histidine	组氨酸	Serine	丝氨酸
Asparagine	天门冬酰胺	Isoleucime	异白氨酸	Start Chain	始链
Aspartic acid	天门冬氨酸	Leucine	白氨酸	Threonine	苏氨酸
Cysteine	半胱氨酸	Lysine	赖氨酸	Trypeophan	色氨酸
End Chain	末链	Methionine	蛋氨酸	Tyrosine	酪氨酸
Giutamic acid	谷氨酸	Phenylalanine	苯基丙氨酸	Valine	缬氨酸
Glutamine	谷氨酰胺	Proline	脯氨酸		

图 14－2 信使核糖核酸上的遗传密码（引自 Burns，1979）

三、核酸分子内突变（chemical basis of submolecular mutation in DNA）

基点突变的化学基础是核酸分子内的变化，可以综合为下列四个类型：

（一）同位移动（tautomeric shift）

DNA 肽基的氢原子可以因物理的或化学的诱导（induction）而移位，因此，原来两个氢链的 A—T 对可以变成两个氢链的 A—C 对，或者三个氢链的 G—C 对变成三个氢链的 G—T 对（图 14－3）。

（二）氨基脱离（tautomeric）

腺嘌呤的氨基（amino group），经亚硝酸的处理，可以由羟基（hydroxyl group）取代，变成次黄嘌呤（hypoxanthine）。此物再经同位位移，可以由 A—T 对变成为 A—C 对。

（三）肽基类似（base analgos）

许多有机物有类似肽基的结构，如 5－溴尿嘧啶（5－bromouracil）和尿嘧啶（uracil）的结构都十分相似。

5-溴尿嘧啶　　尿嘧啶

如果：

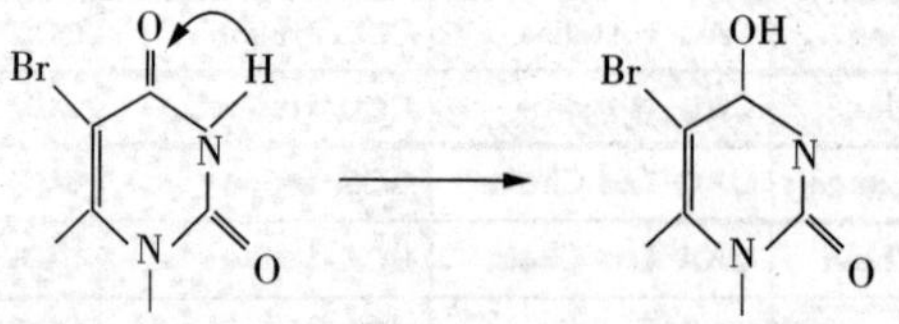

可由正常的 A—U 对，变成 A—Bu 对，再变为 Bu—G 对，然后，再变成为 G—C 对。

（四）双聚分子形成（dimerization）

两个胸腺嘧啶分子，在紫外线（UV）的诱导下，可以合成为双聚分子。这样使正常的 A—T 对不能形成，因而失落一个肽基，反之，又可加入一个肽基。

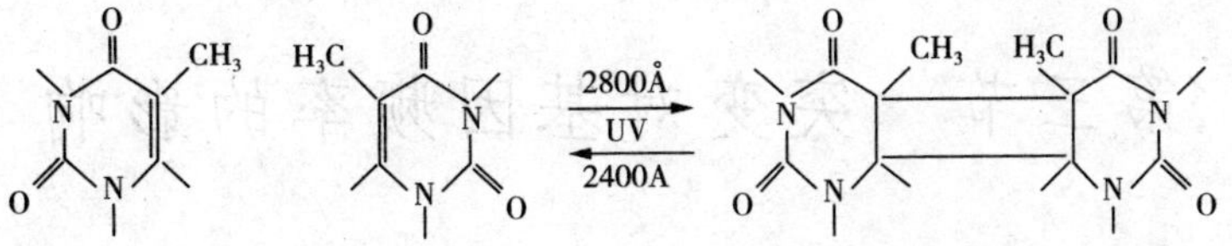

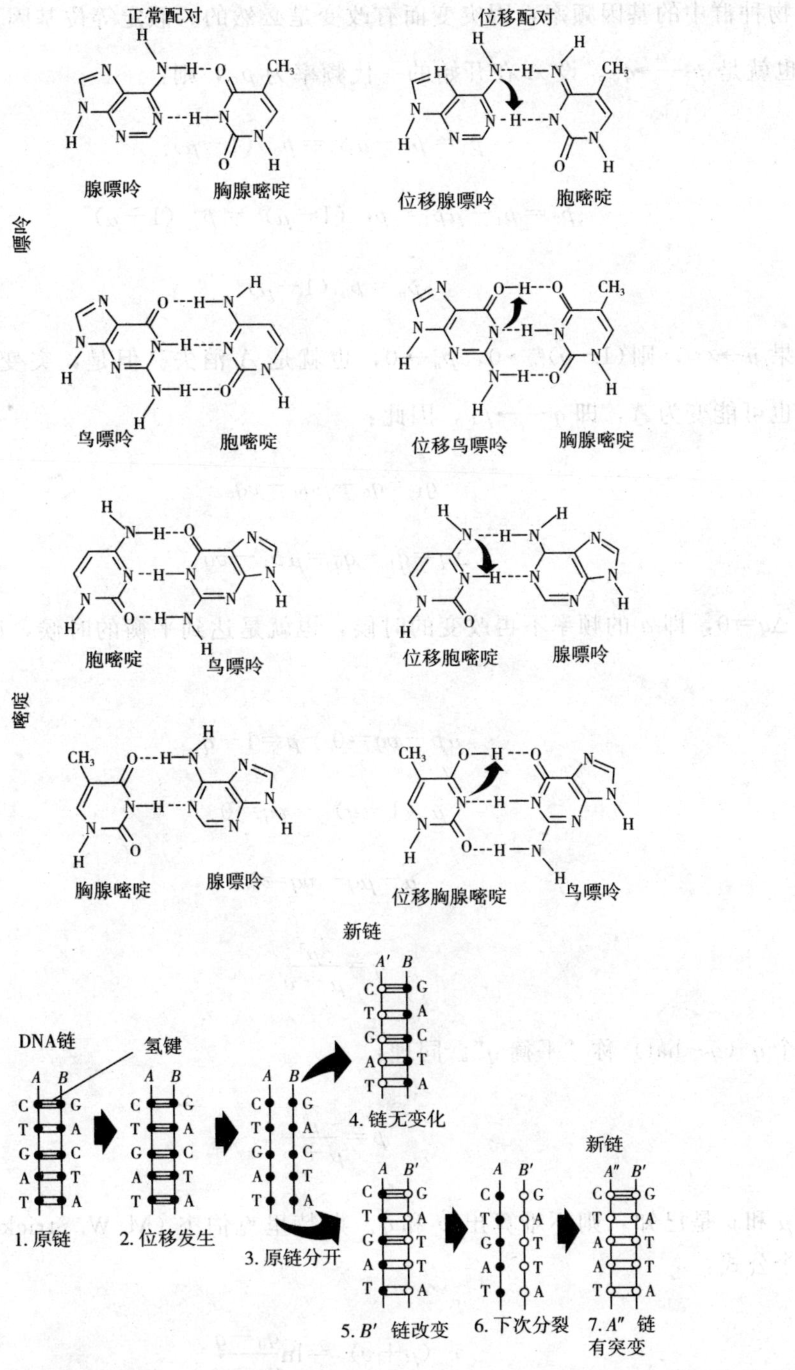

图 14－3　去氧核糖核酸分子内核酸肽基的同位移动和它的影响（引自 Dillon，1979）

第三节　突变对基因频率的影响

动物种群中的基因频率，因突变而有改变是必然的。假定等位基因 A 变为 a 的突变率是 μ，也就是 $p \xrightarrow{\mu} q_0$。设 A 在开始的一代频率为 p_0，则：

$$p_1 = p_0 - \mu p_0 = p_0\ (1-\mu)$$

$$p_2 = p_1 - \mu p_1 = p_1\ (1-\mu)\ = p_0\ (1-\mu)^2$$

$$\therefore \qquad p_n = p_0\ (1-\mu)^n$$

如果 $n \to \infty$，则 $(1-q)^n \to 0$，$p_n \to 0$，也就是 A 消失。但是，突变并非总是单向的，有时 a 也可能变为 A，即 $q \xrightarrow{v} p_0$，因此：

$$q_1 = q_0 + \mu q_0 - v q_0$$

$$\Delta q = q_1 - q_0 = \mu p_1 - v q_0$$

当 $\Delta q = 0$，即 a 的频率不再改变的时候，也就是达到平衡的时候，以上的关系就可以写成：

$$\mu p - v q = 0 \quad p = 1 - q$$

$$\mu\ (1-q)\ - v q = 0$$

$$\mu - \mu q - v q = 0$$

$$\hat{q} = \frac{\mu}{\mu + v}$$

这个 $\hat{q}$（q－hat）称“平衡 q”。同理：

$$\hat{p} = \frac{\mu}{\mu + v}$$

如 μ 和 ν 是已知，则不难算出 $\hat{p}$ 和 $\hat{q}$。斯特里克伯杰（M. W. Strickberger，1976）介绍了一个公式：

$$n\ (\mu + v)\ = \ln \frac{q_0 - \hat{q}}{q_n - \hat{q}}$$

如 μ，ν，q_0 和 q_n 是已知，则由 $q_0 \to q_n$ 所需的世代数就可以依上式。例如：$\mu =$

0.00005，ν=0.00003，q_0=0.125，q_n=0.375。在这样的突变率之下，多少代以后 q 可以由 0.125 增加到 0.375？

$$\hat{q}=\frac{\mu}{\mu+v}=\frac{0.00005}{0.00008}=0.625$$

$$n0.00008=\ln\frac{0.125-0.625}{0.375-0.625}=\ln2$$

$$n=\frac{\ln2}{0.00008}=\frac{0.69315}{0.00008}=8664\text{（代）}$$

第十五章　内婚和外婚

本章所指的内婚和外婚，只是借用人类社会的婚姻制度做比喻，并非野生动物真有内外婚姻。这里必须说明的是，这种提法多少带有笔者的主观意识在其中，此说仅为了方便而已。野生动物种群多是聚集分布的，尤其是在繁殖季节。因此，即使动物个体活动力强，内婚或近亲交配(in breeding)的机会也是很大的。近亲交配和非亲交配(out breeding)，对种群内基因的影响如何？这是本章要介绍的主要内容。

第一节　内婚抑制

在动物种群中，它们的内婚通常有两种情况：一是同辈兄妹(或姐弟)的交配，称同胞交配(sib mating)，如孟德尔原则中的第一子代自交(F_1 selfing)；一是上下辈父女(或母子)的交配，称反逆交配(back mating)，如上下代的回交或反交(backcross)。在这类性质的交配下，基因组合的可能率是容易计算的。

据宗族谱系分析(pedigree analysis)，图 15－1 右面的例子包括了三代，分别用 Ⅰ、Ⅱ、Ⅲ 代表。每代个体下的数字代表个体数。圆形代表雌性，方形代表雄性。Ⅰ－2 所携带 A_1^* 的传给 Ⅱ－1或 Ⅱ－2的机会各有$\frac{1}{2}$。如果 Ⅱ－1或 Ⅱ－2交配后产生 Ⅲ－1，$A_1^*A_1^*$ 形成的机会就是 $\frac{1}{2}\times\frac{1}{2}=\frac{1}{4}$。Ⅲ－1 是纯合子(homozygote)，也是自源同型合子(autohomozygote)，或称自源合子(autozygote)，因为 $A_1^*A_1^*$ 都来自祖父 Ⅰ－2。同理，左图 15－1 左图 Ⅲ－1 的 $A_2^*A_2$ 则是它源同型合子(allohomozygote)或称他源合子(allozygote)。因为有一个 A_2^* 是来自祖母(Ⅰ－1)的，其可能率也是$\frac{1}{4}$。

计算纯合子发生的可能率以内婚指数(F)(in breeding coefficient)表示。在种群中，内婚不仅包括嫡亲，而且包括稍远的亲戚，如表兄妹、堂姐弟等，统称亲戚交配(consanguineous mating)。在一个极大的种群中，纯合子发生的可能率是很低的，即 $F\rightarrow 0$(反之 $F\rightarrow 1$)。

假定一个种群中纯合子的 F 已知，则杂合子的概率为 $1-F$。A_1A_1 的基因型频率应是

$$pF+p^2(1-F)=pF+p^2-p^2F=pF(1-p)+p^2=p^2+pqF$$

同理，A_2A_2 的基因型频率应是

$$pF + q^2(1-F) = q^2 + pqF$$

而 A_1A_2 的基因型频率是 $2pq(1-F)$。

当 $F=0$，A_1A_1 的频率为 p^2，A_2A_2 的频率为 q^2，A_1A_2 的频率为 $2pq$。

当 $F=1$，A_1A_1 的频率为 $p^2+pq=p(p+q)=p$，A_2A_2 的频率为 $p^2+pq=p(p+q)=q$，A_1A_2 的频率为 0。

这就是说，纯合子可能率在内婚情况之下达到极限时，纯合子的频率和基因频率相同，异型合子根本不可能存在。

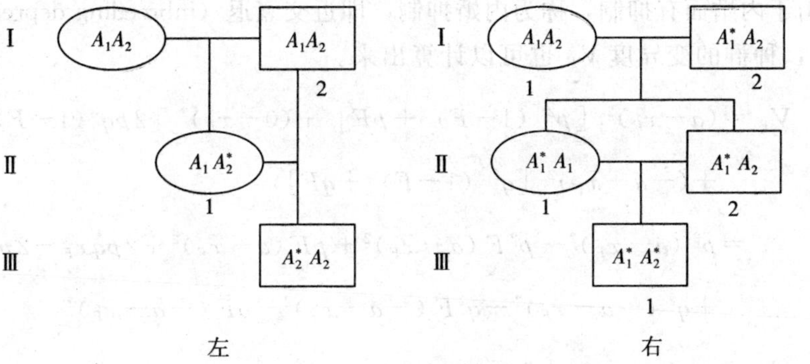

图 15-1　内婚图例

内婚事实上减少了表现型的变异。种群如果是由许多家族聚集的次群(subpopulations)组成的时候，基因交换的机会是很低的。每一次群中各自的纯合子基因型逐渐增多，在不同次群中所有的纯合子基因就出现变异。因此，每个次群中的基因和表现型的差异就逐渐减少。但是，从整个种群的角度来看，由于次群各自的变异和突变，各自内婚反而增加了基因型和表现型的差异了。

假定 A_1A_1 增加量为 a，A_2A_2 减少量为 $-a$，A_1A_2 增加量为 d。当 $d=a$ 时，A_1 即是显性基因。当 $d>a$ 时，则异型合子基因型是超显性型(overdominant)。当 $d=0$ 时，则无显性，因为异型合子是中间型。此例可做如下分析(表 15-1)：

表 15-1　基因表现型分析统计

基因型	A_1A_1	A_1A_2	A_2A_2
表现型	a	d	$-a$
频率	$p(1-F)+pF$	$2pq(1-F)$	$q^2(1-F)+qF$

(引自单国桢，1983)

如 $F=0$，$\bar{x}_0=ap^2+2dpq-ap^2$

这就是说，在自然界当动物种群是随机交配的时候，各型增减的平均量 $\bar{x}_0$ 是各型乘积的总和。

如种群内个体内婚，即 $F\neq 0$，则：

$$\bar{x}_F = a\,[p^2\,(1-F)+pF]+d\,[2pq\,(1-F)]-a\,[q^2\,(1-F)+qF]$$

$$=ap^2-ap^2F+apF+2dpq-2dpqF-aq^2+aq^2F-aqF$$

$$=(ap^2+2dpq-aq^2)+apF(1-p)-apF(1-q)-2dpqF$$

$$=\bar{x}_0+apqF-apqF-2dpqF$$

$$=\bar{x}_0-2dpqF$$

如$d=0$（无显性），$\bar{x}_F=\bar{x}_0$，内婚不改变增减平均量。如$d\geqslant a$（显性或超显性，这里指的超显性，是采用了著名生物学家林嘉鸿教授的提法），$\bar{x}_F>\bar{x}_0$，内婚将减少增减平均量。也就是说，由于内婚而有抑制，称为内婚抑制，即近交衰退（inbreeding depression)。

如$d=0$，种群的变异度V_F也可以计算出来。

$$V_F=(a-\bar{x}_F)^2[p^2(1-F)+pF]+(0-\bar{x}_F)^2[2pq(1-F)]$$
$$+(-a-\bar{x}_F)^2[q^2(1-F)+qF]$$
$$=p^2(a-\bar{x}_F)^2-p^2F(a-\bar{x}_F)^2+pF(a-\bar{x}_F)^2+2p\bar{q}x_F^2-2pqFx_F^2$$
$$+q^2(-a-\bar{x}_F)^2-q^2F(-a-\bar{x}_F)^2-qF(-a-\bar{x}_F)^2$$

如$F=0$，$V_0=p^2(a-\bar{x}_0)^2+2p\bar{q}x_0+q^2(-a-\bar{x}_0)^2$

如$F=1$，$V_1=p(a-\bar{x}_1)^2+q(-a-\bar{x}_1)^2$

因为$d=0$，$\bar{x}_0=\bar{x}_1=\bar{x}_{F0}$

$$V_F=p^2(a-\bar{x})^2(1-F)+2p\bar{q}x^2(1-F)+q^2(1-\bar{x})^2(1-F)$$
$$+pF(a-\bar{x})^2+qF(-a-\bar{x})^2$$
$$=(1-F)[p^2(a-\bar{x})^2+2p\bar{q}x^2+q^2(-a-\bar{x})^2]$$
$$=F[p(a-\bar{x})^2]+q(-a-\bar{x})^2$$
$$=(1-F)V_0+FV_1$$

所以，动物种群的总变异度的改变，总在V_0和V_1之间。

$$V=\sum_{i=1}^{n}f_i(x_i-\bar{x})^2$$

$$V_0=p^2a^2+q^2(-a)^2-\bar{x}^2$$

$$V_1=pa^2+q(-a)^2-\bar{x}^2$$

又因，

$$\bar{x}_0=p^2a+q^2(-a)=a(p^2-q^2)=a(p-q)$$

$$\bar{x}^2=a^2(p^2-2pq+q^2)$$

所以：

$$V_0=p^2a^2+q^2a^2-a^2p^2+2a^2pq-a^2q^2=2apq$$

$$V_1=pa^2+qa^2-a^2p^2+2a^2pq-q^2a^2$$

$$=a^2-a^2\ (p^2-2pq+q^2)$$

$$=a^2-a^2\ (p^2+2pq+q^2-4pq)$$

$$=a^2-a^2+4a^2pq$$

$$=4a^2pq$$

由此可见，$V_1=2V_0$。

这就是说，近亲交配的野生动物种群中的变异度，等于随机交配种群中的变异度的两倍。因此：

$$V_F=\ (1-F)\ V_0+FV_1=V_0-FV_0+2FV_0=V_0+FV_0=V_0\ (1+F)$$

这里比较清楚地说明，基因在具有连续性表现型的动物种群中，近亲交配增加表现型的变异度和内婚指数成直线关系，也就是变异度(V)和内婚指数(F)成正比。

内婚的严重问题是内婚抑制，勒纳(I. M. Lerner，1954)引用老鼠近亲交配的结果，显示生殖力减低、仔数减少和死亡率增加(表 15 - 2)。

表 15 - 2　老鼠的近亲交配抑制

年份	不孕对数(%)	平均仔数	从出生到四周内的死亡率(%)
1887	0	7.50	3.9
1888	2.6	7.14	4.4
1889	5.6	7.71	5.0
1890	17.4	6.58	8.7
1891	50.0	4.58	36.4
1892	41.2	3.20	45.5

(引自 Lerner，1954)

注：值得一提的是，这是国外学者在 1887—1892 年的 6 年间，对该实验动物种群进行近亲交配的结果，包括了大约 30 代的上下代回交和同代交配。

人类种群中内婚抑制造成的死亡率增高、子代精神迟钝、白化现象(albinism)以及其他不正常的疾病和缺陷，多是由于隐性纯合子(recessive homozygote)的表现型形成的缘故。而且许多隐性致死基因(lethal genes)在显性异型合子中并无不正常的表现型，以致这类基因可以在种群中存在。据莫顿(N. E. morton)，克劳(J. F. Crow)和马勒(H. J. Muller)等(1956)的估计，目前，人类种群中，每人平均带有 3～5 个隐性致死基因。这些基因多由突变而来，其频率称为突变负载量(load of mutation)，或遗传负荷(genetic load)。因为显性异型合子的正常人交配，有 25% 的机会产生隐性同型合子而成为死子或残疾。

著名生物学家 J. F · 克劳(1958)将遗传负荷进行数量化：

$$L=\frac{W_{\max}-\bar{W}}{W_{\max}} \tag{15 - 1}$$

式中　L—— 遗传负荷；

W_{max}—— 最大适应值；

$\bar{W}$—— 平均适应值。

也就是说，遗传负荷是最大适应值和平均适应值之差，除以最大适应值所得之商数。

第二节　遗传漂变

遗传漂变(genetic drift)，通常是指动物种群内等位基因频率因随机组合而改变，在世代相传中，由携带该基因个体的生殖与否，造成基因频率的改变。这种改变在大的动物种群中，也可能不太重要，但是，在小种群中，尤其是内婚的种群中，影响频率改变的可能性就很大，有时甚至可以造成某基因的消失。遗传漂变在小种群演化的过程中有如下三种情况：

(1) 继续漂变(continuous drift)。动物种群内个体减少，而且只有少数个体生殖，故继续定向漂移。

(2) 间歇漂变(intermittent drift)。动物种群内个体数做偶然性的减少，在这个偶然减少的过程中，也就是毁灭性的死亡选择，有些个体可能携带不同的基因，使得基因频率有改变，而不是继续的漂变，故又称瓶颈效应(bottleneck effect)。

(3) 建立者效应(the founder effect)。一群个体向外发展，经过数代而成为新种群，它们所带的基因只是原种群中的一小部分，其中的基因频率可能和原种群中的不太一样。这样的遗传漂变成为在自然界中新种形成的一个重要因素。

遗传漂变是可以估计的，一般由 Δq 着手。Δq 即是基因 a 频率的变量，可以是正数，也可以是负数。种群中的各个小单位(即次群)各有不同的 Δq。因此，可以用它们的变异度 $V_{\Delta q}$ 或标准差 $S_{\Delta q}$ 来衡量：

$$V_{\Delta q}=\frac{pq}{2N} \tag{15-2}$$

式中　p—— 基因 A 的频率；

q—— 基因 a 的频率。

$$S_{\Delta q}=\sqrt{\frac{pq}{2N}} \tag{15-3}$$

式中　N—— 个体数；

$2N$—— 基因总数。

由正态分布的曲线来看，各次群的平均 Δq 等于零的时候，它们的分布是随机的，也就是没有漂变。大约有 68% 的机会 $\Delta q < S\Delta q$。只有 1% 或更小的机会，Δq 才会大于 $3S\Delta q$，这时遗传漂变可以造成最大的 Δq。一般规定，当 $\Delta q \leqslant 2S\Delta q$ 的时候，遗传漂变的效果不明显。当 Δq 大于 $2S\Delta q$ 时，遗传漂变就显著。如 Δq 大于 $3S\Delta q$ 时，遗传漂变就是高度显著了。

遗传漂变的结果是动物种群失去异型合子性(heterozygosity)(也可称为异型结合性或杂合性)。据休厄尔·赖特(Sewall Wright，1969) 的估计，当没有其他因素，如选择、突变、回移、减数分裂偏驰(meiotic drive)等干扰的时候，由于遗传漂变而造成固定(fixation)和损失(loss)，大约是每代每位点(locus)改变$\frac{1}{4}N$(N是个体数)。因此，动物种群中个体数对遗传漂变的影响很大，可以分为三种情况：

(1) 小型种群。N在10和100之间。等位基因可以每代每位点以0.1至0.01的频率损失。$S_{\Delta q}$可以是pq的0.1或大于0.1。因此动物遗传漂变的影响重大。

(2) 中型动物种群。N在10^4(10 000)左右。等位基因可以每代每位点以10^{-4}(0.000 1)的频率损失。$S_{\Delta q}$可以是pq的0.01。遗传漂变的影响不大。

(3) 大型动物种群。N在10^5(100 000)以上。等位基因的损失是很少的。$S_{\Delta q}$可以是pq的0.001或更小。遗传漂变的作用微乎其微。

野生动物管理工作者对大型动物种群，如麻雀(*Passer montanus*)或海鸥(*Larus* sp.)等的遗传漂变可以不予重视，但是，对丹顶鹤(*Grus* sp.)、朱鹮(*Nipponia nippon*)(图15－1)、大熊猫(图15－2)等小种群就得注意。因为内婚和遗传漂变造成的生殖力(fertility)和生活力(viability)的衰退，极易使其堕入演化陷阱(evolutionary trap)而致绝种。

图15－1　朱鹮

图15－2　大熊猫

第三节　外婚匀化

动物种群即使多是聚集分布的，真正完全和外界隔绝的情形十分罕见。种群与种群之间，次群和次群之间，外婚或非亲交配(outbreeeding)的机会是很大的。群间的非亲交配的结果，一定是基因流传(gene flow)，这种流传也称基因流动，或称迁移压力(migration pressure)。它对种群中遗传特性的匀化性(homogeneity)(或称同质化)具有重要的促进作用。

假定某种群某基因频率是q_0，其所在种群中，该基因的平均频率是$\bar{q}$。每代有m个基因从其他种群移入，则下一代q的频率，$q_1=(1-m)q_0+m\bar{q}$。每代q的变量则为

$$\Delta q=q_1-q_0=(1-m)q_0+m\bar{q}-q_0=q_0-mq_0+m\bar{q}-q_0=m(\bar{q}-q_0)$$

如基因流传继续而达到平衡，即$\Delta q=0$，$\hat{q}=\bar{q}$也就是该种群中的$\hat{q}$(平衡q)和种群中的$\bar{q}$(平衡q)一致了，其特性也就匀化了。

第十六章 选　择

从遗传学的观点来看，改变个体或种群生殖演化的过程，就是一种选择。人类为了自身生存的需要，通常进行有利发展的决定性选择，一般应用在畜禽的交配和农林作物的育种，称为人工选择(artificial selection)；未经人工干扰的，统称自然选择(natural selection)。

衡量选择的标准是适应度(fitness)，指相对的生殖成功(relatively reproductive success)。在相同环境下，当某基因型比其他基因型生育较多子代的时候，该基因型即有较高的适应度，以适应值(adaptive value)w表示。

选择对基因型的压力，使之减低其适应值的数量，通常称为选择系数(selective coefficient)，以s表示。它和适应值的关系是：$s=1-w$，或$w=1-s$。

第一节　选择对基因频率的影响

选择对基因频率的影响，可以发生在配子的选择，称配子选择(gametic selection)，可以发生在合子的选择，称合子选择(zygotic selection)。

一、配子选择

这种选择又有所谓减数分裂偏弛或分离歪曲(segregation distortion)和配子差异死亡率(gametic differential mortality)。

(一)减数分裂偏弛

当配子在形成的过程中，因等位基因减数分裂的不平衡，产生不同比例的配子。果蝇(*Drosophila melanogaster*)的异型基因型$cn\,bw/cn^{+}\,bw^{+}$[cn = cinnabar(朱砂红)bw = brown(褐色)都是隐性眼色，在同型隐性基因型$cn\,bw/cn\,bw$的表现型为白眼]的红眼雄蝇和白眼雄蝇交配，其子代基因型比率为25$cn\,bw/cn^{+}\,bw^{+}$(红眼)∶1$cn\,bw/cn\,bw$(白眼)，而不是1∶1。这种不同比例合子的产生是由于在产生配子的过程中，有分离歪曲基因*SD*的缘故(Sandler and Novitski，1957)。当*SD*和$cn^{+}\,bw^{+}$在同一条染色体(No. 2)的时候，正常精子形成较多，而SD^{+}和$cn\,bw$在同一条染色体上时，大多数的精子是不正常的，因此有和预期不同的比率。

(二)配子差异死亡率

在不同选择的情况下，配子的活动力和敏感度都不一样，如X精子和Y精子可以用物理的或化学的方法分开。母体的生理状况和生殖器官的分泌等，都对精子的活动力有差异的影响。这些都和子代的遗传有关，目前，这方面的研究很少有公开的信息，但是，在实用方面很有价值。

(三) 配子选择对基因频率的影响

这种影响可以用下表分析(表 16 - 1)：

表 16 - 1　配子选择对基因频率的影响

配子基因型	A_1	A_2	总数
开始频率	p_0	q_0	$p_0+q_0=1$
适应值	1	$1-s$	
经选择后	p_0	$q_0(1-s)$	$p_1+q_0-sq_0=1-sq_0$

(引自单国桢，1983)

如 $s=1$，也就是选择对 A_2 是完全不利的，A_2 是致死基因。经选择后，$q_0(1-s)=0$，A_2 完全消失。

如 $s<1$，经选择后，

$$A_1\text{ 的频率}=\frac{p_0}{1-sq_0}\quad A_2\text{ 的频率}=\frac{q_0(1-s)}{1-sq_0}$$

$$\Delta q=\frac{q_0(1-s)}{1-sq_0}-q_0=\frac{q_0-sq_0-q_0+sq_0^2}{1-sq_0}=\frac{-sp_0(1-q_0)}{1-sq_0}=\frac{-sp_0q_0}{1-sq_0}$$

也就是说 A_2 的频率将会发生改变，但是，决定在 s 值，如 s 很小，sq_0 甚至可以略去不计，于是：$\Delta q=-sp_0q_0$。

生物学家斯特里克伯杰(M. W. Strickberger，1976) 演绎出一个选择的关系式：

$$s\cdot n=\ln\frac{q_0(1-q_n)}{q_n(1-q_0)}\qquad(16-1)$$

式中　s—— 选择系数；

n—— 世代数；

q_0——A_2 开始的频率；

q_n——A_2 在 n 代的频率。

式(16 - 1) 可以用来推算单倍体生物种群(monoploid population) 中 A_2 的频率，改变所需的世代数。如 $q_0=0.25$，$s=0.01$，如果没有其他干扰因素，那么多少代以后 $q_n=0.1$ 呢？把上列数字带入公式：

$$0.01n=\ln\frac{0.25(1-0.1)}{0.1(1-0.25)}=1.0986$$

$$n=\frac{1.0986}{0.01}\approx 110(\text{代})$$

二、合子选择

这种选择是对二倍体动物基因型的选择。由于基因型和表现型是基于完全显性

(complete dominance) 和不完全显性(incomplete dominance) 等的不同，选择的结果对基因频率的影响也就有差异(图 16－1)。

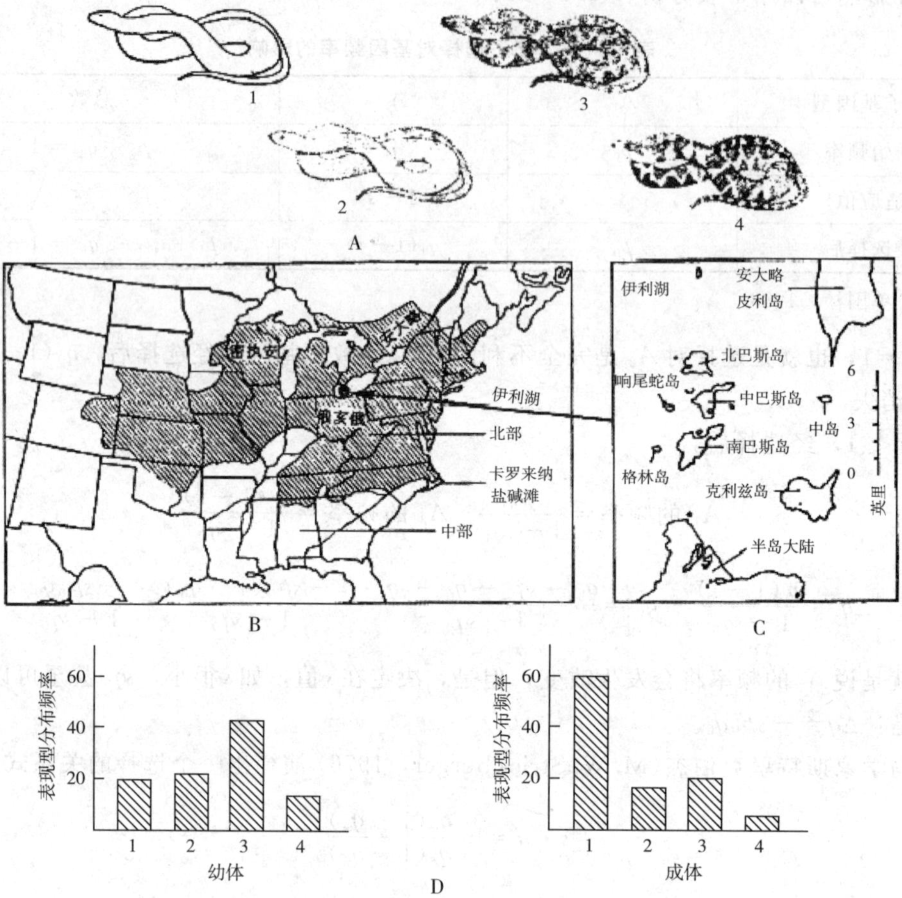

图 16－1　自然选择对水蛇种群幼体和成体表现型频率的影响(引自 Dillon，1978)

A—4 个表现型(1 ～ 4)；B— 分布区域；C— 特别在伊利湖中的群岛区，因为白色石灰岩背景，使白色个体得以生存；D— 新孵化的幼蛇表现型的分布和该地区成体表现型的分布比较

(一) 选择对同型隐性基因型不利的时候，常常出现合子基因型(表 16－2)

表 16－2　选择对同型隐性基因不利情况统计表

合子基因型	A_1A_1	A_1A_2	A_2A_2	总　数
基因型频率	$p_0{}^2$	$2p_0q_0$	$q_0{}^2$	$(p_0+q_0)^2=1$
适应值	1	1	$1-s$	
经选择后	$p_0{}^2$	$2p_0q_0$	$q^2(1-s)$	$1-sq_0{}^2$

(引自单国桢，1983)

$$q_1=\frac{p_0q_0+q_0^2(1-s)}{1-sq_0^2}=\frac{p_0q_0+q_0^2-sq_0^2}{1-sq_0^2}=\frac{q_0(1-sq_0)}{1-sq_0^2}$$

$$\Delta q = q_1 - q_0 = \frac{q_0(1 - sq_0)}{1 - sq_0^2} - q_0 = \frac{q_0 - sq_0^2 - q_0 + sq_0^2}{1 - sq_0^2} = \frac{-sq_0^2(1 - q_0)}{1 - sq_0^2} = \frac{-sp_0q_0^2}{1 - sq_0^2}$$

如 $s=1$，$q_1 = \frac{q_0(1 - q_0)}{1 - q_0^2} = \frac{q_0}{1 + q_0}$，$q_2 = \frac{q_1}{1 + q_1} = \frac{q_0}{1 + 2q_0}$，所以：

$$q_n = \frac{q_0}{1 + nq_0}, \quad n = \frac{1}{q_n} - \frac{1}{q_0}$$

如 $q_0 = 0.1$，$q_n = 0.01$，$n = 100 - 10 = 90$(代)，大约经过90代，没有其他因素干扰，当 $s=1$，A_2 是致死基因，q_0 从0.1减少到 $q_n = q_{90} = 0.01$。

至于 $\Delta q = \frac{-sp_0q_0^2}{1 - sq_0^2}$，当 $s=1$ 时，$\Delta q = \frac{-p_0q_0^2}{1 - q_0^2} = \frac{-(1 - q_0)q_0^2}{1 - q_0^2} = \frac{-q_0^2}{1 + q_0}$

经过若干代以后，$q_n \to 0$，$\Delta q \to -q_0^2$。这就是说，当 q 减少到很少的时候，每代减少的频率是很小的，也就是选择对致死基因的作用逐渐降低，因同型隐性基因型在动物种群中越来越少，选择的压力也就相对比较小了。

如 $0 < s < 1$ 时，$\Delta q = \frac{-sp^2(1 - q)}{1 - sp^2}$

当 $s \to 0$，$\Delta q \to 0$，因此，$q_1 \to q_0$，也就是说 A_2 的频率的改变趋近于0，即没有什么改变。所以，A_2 在动物种群中完全消灭是几乎不可能的。

（二）选择对显性表现型不利的时候，会产生以下结果（表16-3）

表16-3　选择对显性表现型不利情况统计

合子基因型	A_1A_1	A_1A_2	A_2A_2	总　数
基因型频率	p^2	$2pq$	q^2	$(p+q)^2=1$
适应值	$1-s$	1	1	
经选择后	$p^2(1-s)$	$2pq(1-s)$	q^2	$1-sp(2-p)$

（引自单国桢，1983）

$$\begin{aligned}总数 &= p^2 - sp^2 + 2pq - 2spq + q^2 \\ &= 1 - sp^2 - 2spq \\ &= 1 - sp(p + 2q) \\ &= 1 - sp[p + 2(1 - p)] \\ &= 1 - sp(2 - p)\end{aligned}$$

$$p_1 = \frac{p^2 - sp^2 + p(1 - p)(1 - s)}{1 - sp(2 - p)}$$

$$= \frac{p^2 - sp^2 + p(1 - p - s + sp)}{1 - sp(2 - p)}$$

$$=\frac{p^2-sp^2+p-p^2-sp+sp^2}{1-sp\ (2-p)}$$

$$=\frac{p\ (1-s)}{1-sp\ (2-p)}$$

如 $s=1$，$p_1=0$，也就是只要一代的时间，基因 A_1 就消失了。

如 $0<s<1$，则

$$\Delta p=p_1-p_0=\frac{p\ (1-s)}{1-sp\ (2-p)}-p$$

$$=\frac{p-sp-p+2sp^2-sp^3}{1-sp\ (2-p)}$$

$$=\frac{-sp\ (1-2p+p^2)}{1-sp\ (2-p)}$$

$$=\frac{-sp\,(1-p)^2}{1-sp\ (2-p)}$$

如 s 很小，小到趋近于 0，则

$$\Delta p=-sp\,(1-p)^2=-spq^2=\Delta q$$

也就是说，当选择压力很小的时候，基因 A_1 和 A_2 的改变几乎是相等的。

（三）选择对同原等位基因型不利的时候，会有以下的表现（表 16－4）

表 16－4　选择对同原等位基因型不利情况统计

合子基因型	A_1A_1	A_1A_2	A_2A_2	总　数
基因型频率	p^2	$2pq$	q^2	$(p+q)^2=1$
适应值	$1-s$	1	$1-t$	
经选择后	$p^2\ (1-s)$	$2pq$	$q^2\ (1-t)$	$1-sp^2-tq^2$

$$总数=p^2-sp^2+2pq+q^2-tq^2$$

$$=1-sp^2-tq^2$$

$$q_1=\frac{pq+q^2-tq^2}{1-sp^2-tq^2}$$

$$=\frac{q\ (p+q-tq)}{1-sp^2-tq^2}$$

$$=\frac{q\ (1-tq)}{1-sp^2-tq^2}$$

$$\Delta q = q_1 - q_0$$

$$= \frac{q - tp^2 - q + spq^2 + tq^3}{1 - sp^2 - tq^2}$$

$$= \frac{sp^2 q + tq^2 \ (q - p - q)}{1 - sp^2 - tq^2}$$

$$= \frac{sp^2 q - tpq^2}{1 - sp^2 - tq^2}$$

$$= \frac{pq \ (sp - tq)}{1 - sp^2 - tq^2}$$

如 $\Delta q = 0$，$sp = tp$，则 $s\ (1-p)\ = tp$，$s - sp = tp$，$s =\ (s+t)\ q$，$\hat{q} = \frac{s}{s+t}$

同理，$\hat{p} = \frac{t}{s+t}$

这里明确告诉我们，当选择对异型等位基因有利的时候，基因 A_1 和 A_2 的频率随选择系数，对其相应的等位基因的强度成正比，即 $s > t$ 时，$\hat{q} > \hat{p}$。反之，也相似。这种结果基本与突变率对其相应的等位基因频率的作用基本相同。

第二节 选择和突变的平衡

在自然动物种群内，基因频率的改变受突变和选择的影响较多，而且是经常发生的事。由前节分析可以知道，当选择对 A_1 和 A_2 不利的时候，

$$\Delta q = \frac{-sp^2 \ (1-p)}{1 - sq^2}$$

而 $A_1 \xrightarrow{\mu} A_2$ 或 $A_2 \xrightarrow{v} A_1$，$\Delta q = \mu p - vp$。

如 $0 < s < 1$，而且很小，甚至，可能趋近于零，则 $sq^2 \to 0$，而且 $A_2 \xrightarrow{v} A_1$ 也很小，即 $vq \to 0$。这样，

$$sp^2 \ (1-q)\ = \mu p = \mu\ (1-q)$$

$$q = \sqrt{\frac{\mu}{s}}$$

这就是说，基因 A_2 的频率 q 是突变率 μ 和选择系数 s 的函数，当 μ 增加时，q 也增加；但是，当 s 增加时，q 即减少。

第三节 选择和适应度

动物的自然选择是，未经人工干扰并在各种自然环境压力加之下，野生动物的种群中的个体，由于它们表现型的变异，在成长和生殖的过程中，造成种群基因库的演化。这些

表现型的变异包括：基因型的竞争能力，对外来压力，即理化的和生物的忍耐力、抵抗力和生殖力等等。其结果是种群之所以能生存，是由于基因库的适应度达到平衡所致。

当基因型对选择有变异的时候，会出现以下情况（表 16－5）：

表 16－5 基因型对选择产生变异后的统计结果

合子基因型	A_1A_1	A_1A_2	A_2A_2	总　数
基因型频率	p^2	$2pq$	q^2	$(p+q)^2=1$
适应值	1	$1-s/2$	$1-s$	
经选择后	p^2	$2pq\ (1-s/2)$	$q^2\ (1-s)$	

（引自单国桢，1983）

动物种群的平均适应值：

$$\bar{w}=p^2+2pq-spq+q^2-sq^2$$

$$=1-sp\ (p+q)$$

$$=1-sp$$

$$\frac{d\bar{w}}{dq}=-s$$

这就是说，$\bar{w}$ 和 q 成反比，当 q 减少时，$\bar{w}$ 即增加。

如果异型合子的适应度较高的话，会产生以下结果（表 16－6）：

表 16－6 异型合子的适应度较高的统计结果

合子基因型	A_1A_1	A_1A_2	A_2A_2	总　数
基因型频率	p^2	$2pq$	q^2	$(p+q)^2=1$
适应值	$1-s$	1	$1-t$	
经选择后	$p^2\ (1-t)$	$2pq$	$q^2\ (1-t)$	$1-sp^2-sq^2$

（引自单国桢，1983）

$$\begin{aligned}\bar{w}&=p^2-sp^2+2pq+q^2-tq^2\\&=1-sp^2-tq^2\\&=1-s(1-q)^2-tq^2\\&=1-s(1-2q+q)^2-tq^2\\&=1-s+2sq-sq^2-tq^2\end{aligned}$$

$$\frac{d\bar{w}}{dq}=2(s-sq-tq)$$

当 $\bar{w}$ 达到最大值的时候，$\frac{d\bar{w}}{dq}=0$，也就是：$\hat{q}=\frac{s}{s+t}$

$\bar{w}$ 以什么速度增加呢，即$\frac{d\bar{w}}{dq}$是多少？

由前所述，变异度：

$$v = \sum (f_i w_i)^2 - \bar{w}^2$$

$$v = p^2 (1^2) + 2pq \left(1 - \frac{s}{2}\right)^2 + q^2 (1-s)^2 - (1-sq)^2$$

$$= p^2 + 2pa \left(1 - s + \frac{s}{4}\right)^2 + q^2 (1 - 2s + s^2) - (1 - 2sq + s^2 q^2)$$

$$= p^2 + 2pq - 2spq + \frac{s^2}{2} pq + q^2 - 2sq^2 + s^2 q^2 - 1 + 2sq - s^2 q^2$$

$$= -2sq(p+q) + 2sp + \frac{s^2}{2} pq$$

$$= \frac{1}{2} s^2 pq$$

据生物学家富塔依马（D. J. Futuyma，1980）介绍：

$$\frac{d\bar{w}}{dt} = \frac{s^2 pq}{2w}$$

当 $\bar{w} = 1$，达到最大适应值的时候，

$$\frac{d\bar{w}}{dt} = \frac{s^2 pq}{2} = v$$

这就是说，适应值增加率等于种群的遗传变异度。所以，自然选择增加种群的变异度，也就是增加种群的适应度。这就是自然选择基础定理，又称费希尔自然选择基础定理（Fisher's fundamental theorem of natural selection）（Fisher，1930）。

第十七章 物种形成

物种形成（speciation）和物种起源（origin of species）有着不同的含义。后者是达尔文提出的，包含族系演化（phyletic evolution）、因时演变（modification in time）或后裔演变（descendant with modification）等多种含义。如今物种形成的观念稍有不同，着重体现在物种族系的分化（the splitting of a phyletic line）、物种增殖的过程（the process of the multiplication of species），以及因生殖隔离机制的发展，而造成种群间不连续的由来（图 17－1）。

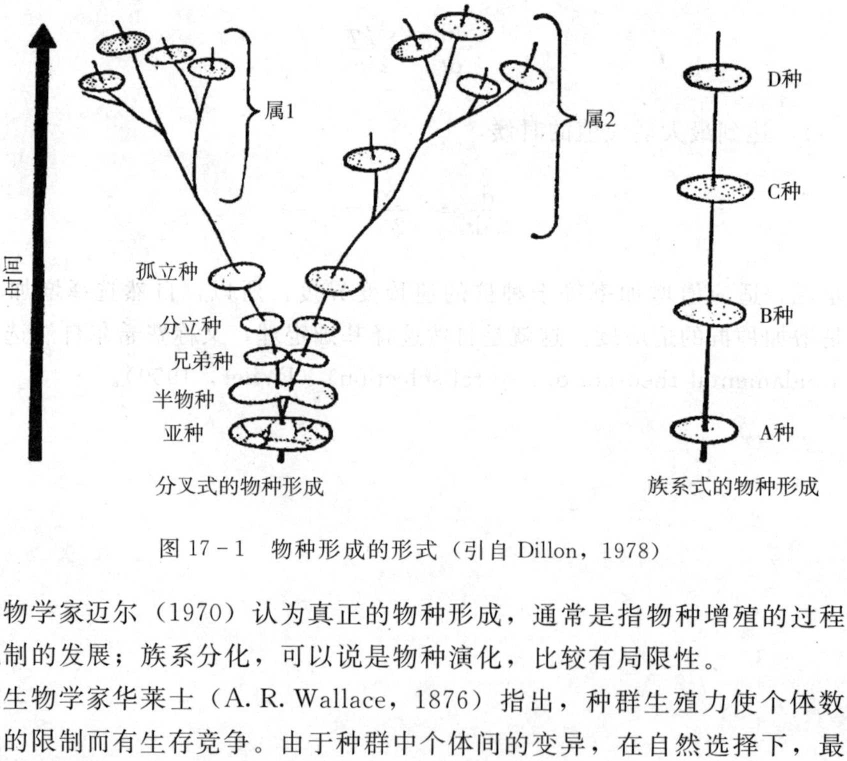

图 17－1　物种形成的形式（引自 Dillon，1978）

著名动物学家迈尔（1970）认为真正的物种形成，通常是指物种增殖的过程和种群间生殖隔离机制的发展；族系分化，可以说是物种演化，比较有局限性。

另一位生物学家华莱士（A. R. Wallace，1876）指出，种群生殖力使个体数增加，但是，受环境的限制而有生存竞争。由于种群中个体间的变异，在自然选择下，最终是最适者生存，而且在继续的环境改变中不断演化。

遗传学和种群生态学，都是达尔文去世以后才发展起来的。尽管达尔文的《物种起源》是划时代的著作，我们今天所谈的“speciation”和“origin of species”是不大一样的，它不仅研究物种演化的历史事实，而且探讨新物种形成的机制。

第一节　物种形成的方式和例证

从物种形成的研究结果看，自然界中野生物种形成的方式大致可分为：即时物种形成（instantaneous speciation）和逐渐物种形成（gradual speciation）两个大类。前者主要是经由个体的遗传机制，如突变和核型畸变；后者则是经由种群的机制。由于物种是生殖隔离的种群，其形成不论是经由个体或种群，最后，还是以种群的机制为主，所以，物种形成是种群生态学不可缺少的重要环节。

一、同域性物种形成（sympatric speciation）

物种不因地理隔离而形成的即是因同地物种形成的，一般有两个主要步骤。首先，在亲群（parental population）中，由于生态位（ecological niches）的分化，逐渐建立若干子群（daughter population）。子群中各自建立生殖隔离（reproductive isolation）和亲群的基因流传因内在的因素而产生抑制作用，逐渐形成基因库的分立，因此，在同一个空间中形成了生殖的隔离（图 17－2）。

图 17－2　九种萤火虫雄虫的飞行路线（引自 Futuyma，1979）

注：图中各种雌虫完全能识别雄虫，从而有效地建立生殖隔离。

（一）有关遗传的因素

一是生态位选择（niche selection）。野生动物种群中个体生态位的分化，通常是表现型的不同。其表现型主要是由基因型决定，而基因型则主要决定个体的潜在性（potentiality），通过环境作用而有表现型。在自然界中，如果有潜力而无环境，或有环境而无潜力，野生动物都可能产生不同的表现型。

二是同配选择（homogamic selection）。人们常说物以类聚，同类相求，一般情况下，同类生物在外观和行为上相似的个体有志同道合、情意相投的趋向，因此，同型配子（homogametes）相合成同型合子的机会增多。如果在自然选择上此类合子是最成功的，则将增加表现型的分化。

（二）有关环境的因素

一是分裂选择（disruptive selection）。自然环境的选择压力，通常不利于中间型，而有利于极端型，经长期的选择而有分化（图 17－3）。

二是季节选择（seasonal selection）。自然界中的物种的生活史都有季节性。成体交配的季节和幼体成长的季节都有密切的配合。如果个体成长的变异和季节的波动经过长期的演化，生殖隔离的形成是可能的。

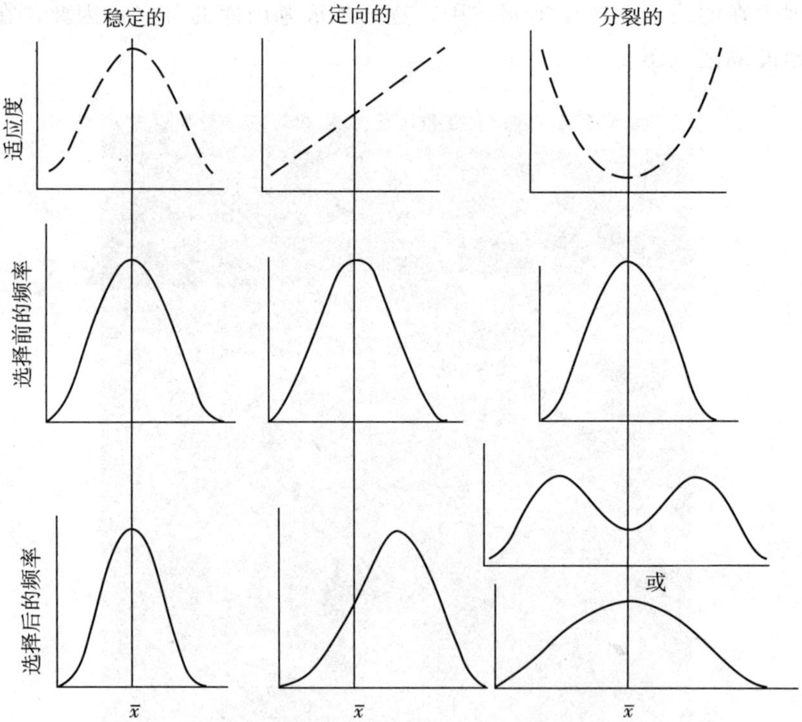

图 17－3　三种选择方式对连续性的表现型的影响

（引自 Cavalli-Sforza and Bodmer，1971）

二、邻域性物种形成（parapatric speciation）

种群分布地区环境的变异是动物种群内次群分化，因为它们的分布是邻接的，而不是地理隔绝的，这种物种形成即是邻域性物种形成。邻域性物种形成在理论是可能的，可以作为同域性和异域性物种形成的中间型，但是，实际的例子却并无说服力，在自然环境中，这种例子通常是很难断定的。

恩德勒（J. A. Endler，1973）指出，当个体移动的平均距离小于环境分化的极端距离时，即使是逐渐的，基因频率也可能有截然的不同。如果同型合子 A_1A_1 对全区环境的适应度高的话，另一同型合子 A_2A_2 的适应度，只限于一定的范围，由于适应度低的基因，频率局限在该区环境压力之下，即使它的频率改变可以由基因流传来平衡，但是，仍然不能克服这种截然分开的压力。这种情况下，邻域性物种形成就有可能出现。

三、异域性物种形成（allopatric speciation）

在自然条件下，异域性物种形成即是地理物种形成（geographic speciation），是最普通的。迈尔（E. Mayr，1963）认为只有异域性物种形成和多倍体物种形成（polyploid speciation）可以自然发生。然而，大多数学者，并不完全同意他的看法，也认为异域性物种形成是最普遍的。地理隔离使物种有变异，进而发生生殖隔离是常见的事实。这两个问题，笔者在讨论地理变异时已介绍过（图 17－4）。

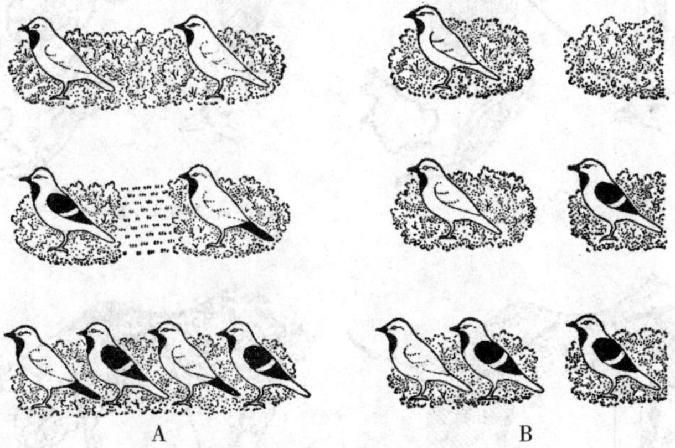

图 17－4　异域性物种形成的两种形式（引自 Futuyma，1979）

（A）一个物种的分布地区因各种原因发生地理的隔离，分开的种群各自演化而成生殖隔离，以后两群复合但仍然是分开的物种；（B）一个物种中若干个体从母群中分开到他地，经演化成为母群生殖隔离的物种，以后有些个体回到母群但仍然是独立的物种。

自然条件下，果蝇（*Drosophila melanogaster*）种群在不同的温度（Ehrman，1964）、光照和重力（Soans et al.，1974）的影响下，只要几代以后就有生殖隔离的倾向。

四、其他形式的物种形成

（一）静地物种形成（stasipatric speciation）

著名动物学家怀特（M. J. D. White，1968）指出，由于减数分裂偏弛，生殖隔离也可能发生，其实不过是同域性物种形成的一种（图 17－5）。

（二）离心物种形成（centrifugal speciation）

这种物种的形成，主要是由一系列的突变，使变异由中心向外扩散延伸（Brown，1957），如图 17－6 展示了大盘尾的亚种形成。

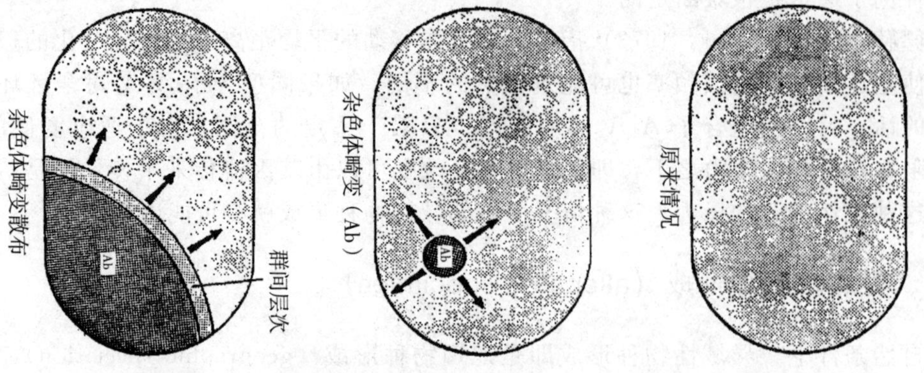

图 17－5　静地物种形成的概念（引自 Futuyma，1979）

当染色体畸变在减数分裂偏驰的影响下，形成一种选择，在种群中散布开来逐渐建立新种。

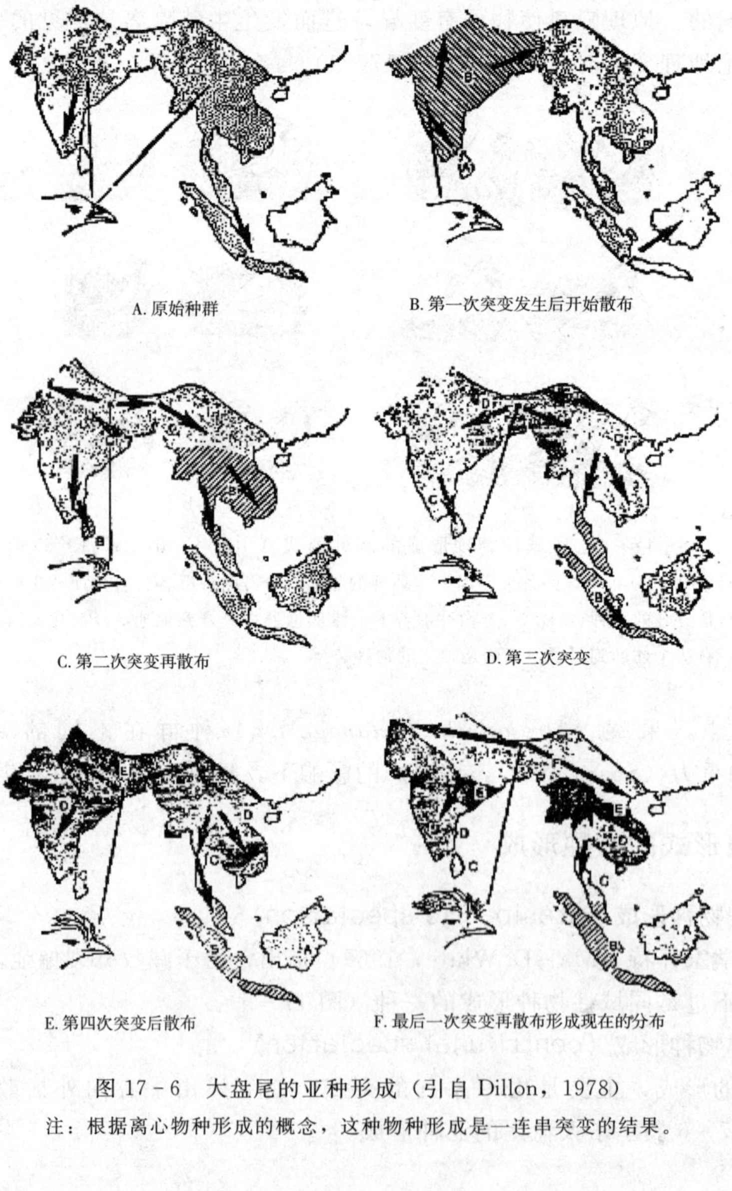

图 17－6　大盘尾的亚种形成（引自 Dillon，1978）

注：根据离心物种形成的概念，这种物种形成是一连串突变的结果。

（三）隔离物种形成（insular speciation）

即地理物种形成。

五、物种形成的例子

以上各段是理论的介绍。许多例子事实上是各种可能机制的综合产物，在自然界中很少是单纯的一个原因、一个结果的。以下举几个例子。

（一）达尔文雀（Darwin's finches or Galapagos finches）

戴维·拉克（David Lack，1947）研究加拉帕格斯群岛中 14 种达尔文雀（莺）的种系发生（phylogeny）（图 17－7）。这些鸟类首先是达尔文在他著名的环球采集（H. M. S. Beagle，1831—1836；Sept. to Oetober 1835 in Galapagos Islands）中发现的。据拉克的估计，这些鸟类原由南美大陆移来，大约在一亿（10^8）年以前，一个种群经过空间和生

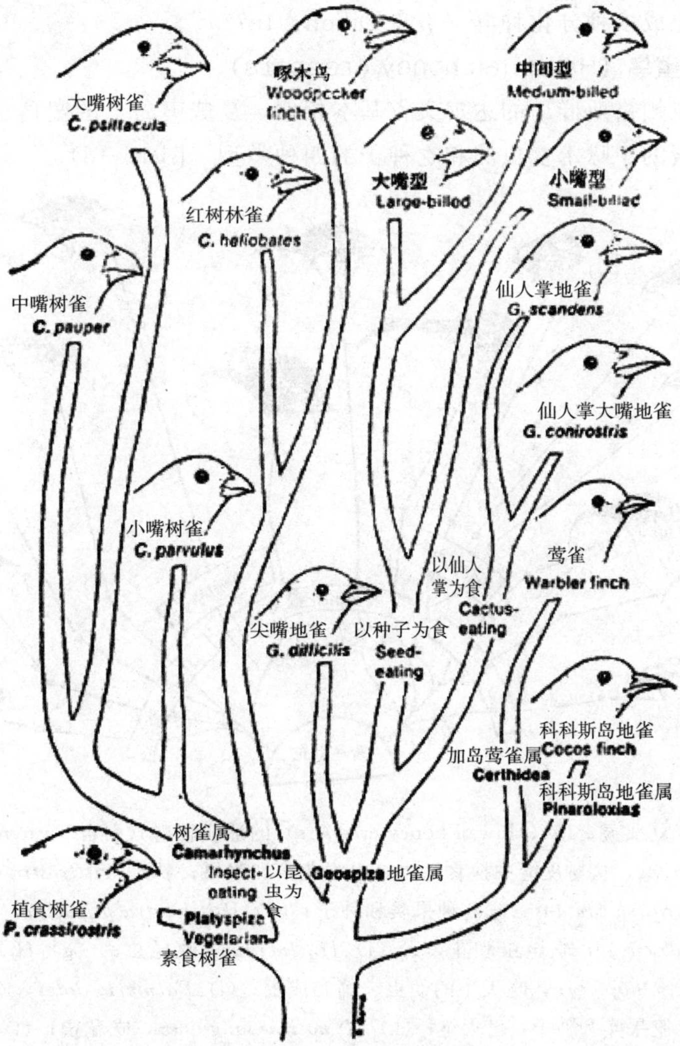

图 17－7　达尔文雀的演化

态交织的影响，而造成生殖隔离。该群岛一共有13个小岛，彼此距离8～35千米，原是海底火山露出海面而造成的。大约在一亿年以前，一群像现在旋木雀的达尔文雀，偶然，在移迁途中被风送到其中的一个小岛上。由于它们是新来的物种，在当地没有和它们竞争的鸟类和敌害，于是它们繁殖得很快，分布到各岛去了。每个岛上的种群又各自适应当地的环境，同时，也受到自然的选择，逐渐造成适应辐射（adaptive radiation）和生殖隔离，各自成为独立的物种。其中，有5种生活在树上的，以吃昆虫为主，这当中又以拟鸳树雀（*Camarhynchus pallidus*）尤为突出，可以使用仙人掌的叶针来挑藏匿在树孔内的昆虫。地上的两种以吃种子或果实为主。还有数种为杂食的，它们的食性和行为，有时在各岛也有变异，主要是生态位的不同，转移竞争压力，来适应当地的环境。

从图17－7可以看出，它们由一个种群分化为以素食性食物为主的扁嘴莺（*Platy spiza*）和以食虫性为主的穹吻莺（*Camarhynchus*）及以地面活动为主的地面莺（*Geospiza*）、旋木雀（*Certhidea*）和科科斯岛雀（*Pinaroloxias*），随着环境的不断变化，达尔文雀最后演化成多种分化种群（引自Dillon，1978）。

（二）夏威夷蜜鸟（Hawaiian honey creepers）

这种鸟和加拉帕格斯群岛的达尔文雀基本相似，夏威夷岛上的蜜鸟也是由一种鸟分化成吃叶子的、吸蜜的、啄木食虫的和吃种子的四种类型（图17－8）。

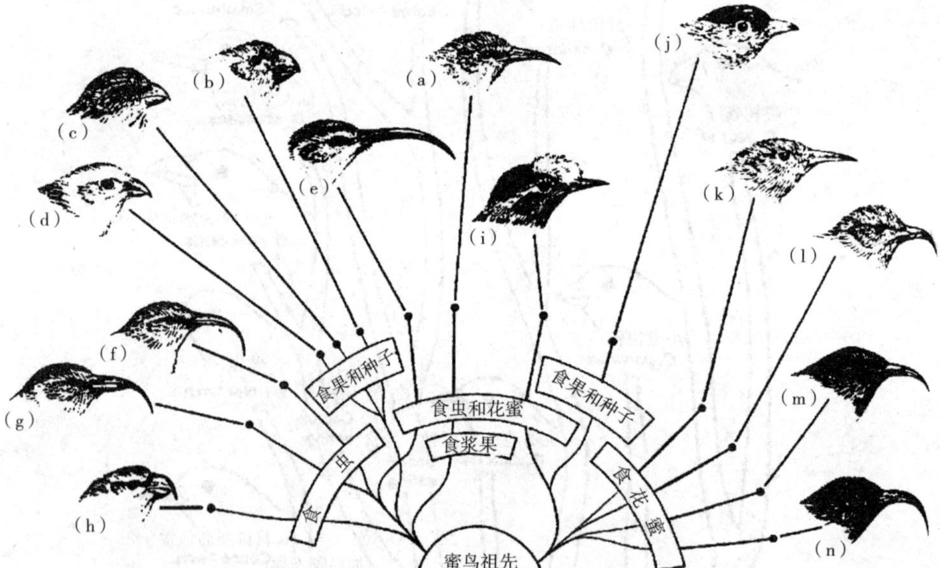

图17－8　夏威夷蜜鸟（Hawaii honey creepers）的适应辐射（引自Futuyma，1979）

（a）*Loxops virens*，从树皮缝中探食昆虫，也吃花蜜和浆果；（b）*Psittirostra kona*，吃种子，已灭绝；（c）*Psittirostra cantans*，吃各种果实和种子；（d）*Psittirostra psittacea*，吃种子；（e）*Hemignathus obscurus*，吃昆虫和花蜜；（f）*H. lucidus*，吃昆虫；（g）*H. wilsoni*，吃昆虫；（h）*Pseudonestor xanthophryx*，吃天牛的幼虫、蛹和成虫；（i）*Palmeria dolei*，吃昆虫和花蜜；（j）*Ciridops anna*，吃果实和种子，已灭绝；（k）*Himatione sanguinea*，吃花蜜；（l）*Vestiaria coccinea*，吃花蜜；（m）*Drepanis funerea*，吃花蜜，已灭绝；（n）*Drepanis pacifica*，吃花蜜，已灭绝

注：图示吸蜜鸟（Drepanididae）的主要种属，箭头表示它们的族宗关系。

(三) 大盘尾 (*Dicrurus paradiseus*)

在中南半岛和印度，大盘尾的头冠本来是很小的，由于突变（大约至少经过了五次突变），至今有两个亚种，成为有规则的渐变种（Mayr and Vaurie，1948）（图 17－6）。

第二节　物种的生命环

研究物种形成和演化的人都看到，在地球演化的历史过程中，有许多物种形成后，又因生态环境的变化而消失，甚至，有些学者指出，动物种群演化的趋势不是生存，而是消亡（Dillon，1978）。

狄龙（L. S. Dillon，1966）综合威尔逊（E. O. Wilson，1959）和布朗（W. L. Brown，1957）所讨论的物种形成模式，把物种形成演化的进程视为物种兴亡的生命环，分为四个阶段（图 17－9）：

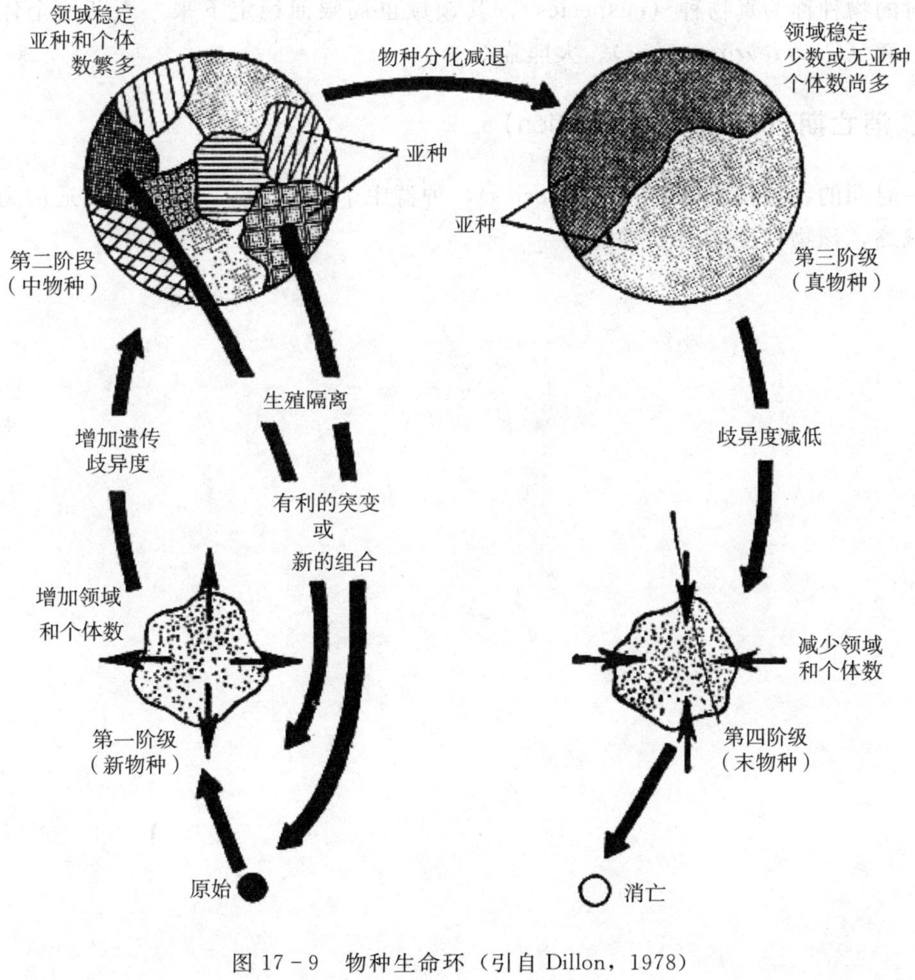

图 17－9　物种生命环（引自 Dillon，1978）

一、扩展期（stage of expansion）

这一时期的物种称为新物种（neospecies），当该物种形成以后，有利的环境，使它的个体数增加和领域扩展，如英国麻雀被带到北美洲以后，这一种群目前仍在不断扩展中。

二、分化期（stage of diversification）

这一时期的物种称为中物种（mesospecies），因为个体数增加、遗传变异和领域扩展，加速种群的分化，如果有地理隔离和有利的重组及突变，新物种又可产生。如大洋洲的针鼹（echidnas），从白垩纪（Cretaceous Period）到现在，分出许多新种，这个现象称多型完成（polytype）。

三、稳定期（stage of stabilization）

当多型形成达到了稳定时期，也就是物种逐渐失去变异或减低适应力，物种不再分化，此时的物种称为真物种（euspecies），其领域也局限而稳定下来。渐渐地个体数也减少，如白鹤（*Grus leucogeranus*）、大熊猫等。

四、消亡期（stage of extinction）

这一时期的物种称末物种（telospecies），种群中个体数减少，变异度和适应力以及领域逐渐减缩，该物种逐渐趋于消亡。

第十八章　协同进化

两个或两个以上的物种，彼此在演化的进程中，相互影响，即协同进化（coevolution）。在学习动物学时，我们所熟知的共生（symbiosis）、互利（mutualism）、共栖（commensalism）、寄生（parasitism）、捕食（predation）以及剥削（exploitation）、压迫（oppression）、没收（confiscation）、抢劫（robbery）等，都是相对的矛盾，事实上就是协同进化的问题。

假定两个物种彼此具有各自的变异，而这些变异之间又有相关的影响，如捕食者（predator）和被食者（prey）、寄生（parasite）和寄主（host）、病原（体）（pathogen）和病人（patient），各个物种之间的基因频率的改变，能相互影响各物种种群的密度，在自然选择之下，从而达到平衡而共存。

但是，在自然界，突变随时可以发生，任何一方的基因频率的改变，将使这个平衡打破。因此，两个物种相互影响，共同演化。如捕食者没有被食者可吃，寄生没有寄主可寄，它们也是没有生存的余地，一样是会消灭的。所以，自然界是要有共存的，生物界是要有变异的。否则，物质循环、能量转移、基因流传，就无法进行，这个宇宙就没有生气了。

第一节　协同进化的类型和例证

在自然界中，两个不同物种相互影响原本是研究群集生态的范围，但是，不妨在此略加讨论，因为没有一个种群是孤立的或独立的。两个物种的关系可做简单表解如下（表 18－1）：

表 18－1　协同演化两个物种关系对比表

物种甲 物种乙	有　利	无利害	有　害
有　利	互利	乙片利共栖	乙吃甲
无利害	甲片利共栖	各不相干	乙不损甲，不利己
有　害	甲吃乙	甲不损乙，不利己	两败俱伤

（引自单国桢，1983）

一、互利

昆虫和植物的互利是人们熟知的现象，金合欢（*Acacia*）和蚂蚁（*Pseudomyrmex*），显花植物和蜜蜂以及蝴蝶都是很好例子。索思伍德（T. R. E. Southwood，1961）把昆虫种属的增加和植物化石的记录找出直线相关，也是一个很好例子（图 18－1）。

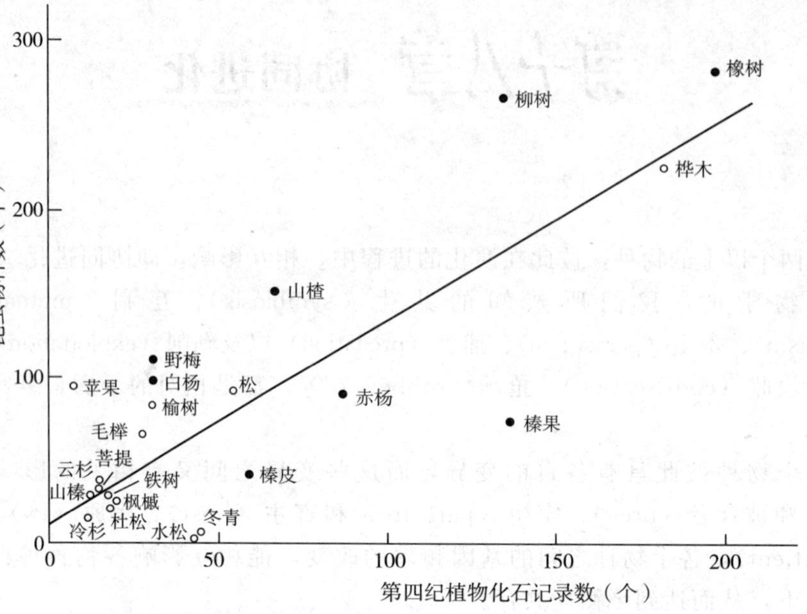

图 18－1　昆虫物种数和第四纪植物化石记录数的关系（引自 Southwood，1961）

有些寄生者或病原体经过长期的演化，其毒性会逐渐减退。如黏液病毒（myxoma virus）当初带到大洋洲去控制兔子（*Lepus capensis*）的快速繁殖是非常有效的，兔子死亡率很高，但是，过了几年以后就不大有效了。可能黏液病毒和兔子双方都经过选择和适应，兔子有抵抗力，病毒也没有开始那么厉害了（Fenner，1965）。而且病毒的传播是由蚊子携带的，蚊子只吸活兔子的血。只有比较温和的病毒或较有抵抗力的兔子，才有继续活下去的可能。这样甚至就变成了病毒、蚊子（*Culex pipiens*）和兔子的协同进化。

二、捕食

自然界的捕食现象包括捕食者和被食者，寄生和寄主等。它们的相互关系早在 20 世纪 20 年代讨论种群密度调整时，就被认为是密度有关的调整机制了。艾尔弗雷德·洛特卡（Alfred J. Lotka，1925）和维托·沃尔特拉（Vito Volterra）分别提出捕食者和被食者相互影响的关系式，现通称为 Lotka－Volterra 关系式：

$$\frac{dN_1}{dt}=r_1N_1-PN_1N_2 \tag{18-1}$$

式中　N_1——被捕食者的种群密度；

N_2——捕食者的种群密度；

r_1——被捕食者的内在增加率；

P——捕食指数。

这个公式是表述被食者的种群密度在单位时间中的改变，等于它的出生率减去因捕食的死亡率。另一方面：

$$\frac{dN_2}{dt}=r_2PN_1N_2-d_2N_2 \tag{18-2}$$

式中 r_2——捕食者的内在增加数；

d_2——捕食者的死亡指数。

也就是说捕食者种群密度在单位时间中的改变，等于它的出生率减去它的死亡率。

这两个公式是简化了的，它们根据三个假定：

（1）被食者种群不受其他环境因素的影响，如它本身的密度、食物能源等；

（2）捕食者种群和被食者种群的关系是直线式相关的；

（3）捕食者的死亡率是与密度无关的。

但是，当我们考虑长期演化的时候，主要着重在捕食者和被食者两个种群中基因频率的改变，或被食者的抵抗力或逃生力和捕食者的反抵抗能力机制的改变。许多植物，如小麦（*Triticum* sp.）、莲藕（*Nelumbo nucifera*）、生姜（*Zingibcr officinale*），对许多害虫的抵抗力增加，而害虫仍然可以继续危害。“道高一尺，魔高一丈”遗传变异存在每个物种当中的，当两个种群相互依存的时候，协同进化是继续不断的，否则，两者之中任何一方消灭，将导致另一方面的次第消亡。如果捕食者增加了对被食者的压力，被食者的抵抗即使不增加，捕食者种群的密度也将随之减小，正如杀鸡取卵，鸡没有了，蛋也吃不到了。因此，捕食者和被食者的协同进化是循环式或波浪式的，此起彼伏式的（图18－2）。

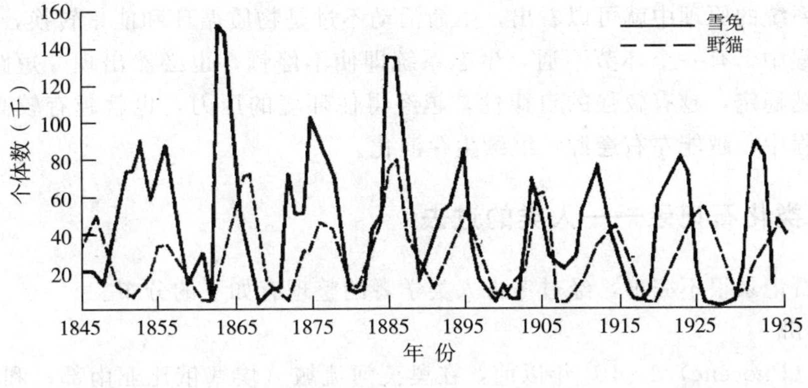

图 18－2 雪兔（*Lepus timidus*）和野猫（*Felis silvestris*）种群密度的波动（引自 Odun，1971）

吉尔伯特（L. E. Gilbert，1971）发现一种西番莲属（*Passiflora*）棘皮攀缘植物含有对昆虫有毒的汁液，但是，有一种 *Heliconius* 蝴蝶的幼虫却不怕这种毒汁并以此植物为生。有些 *Passiflora* 居然在枝叶上长出像 *Heliconius* 卵的突起，伪装成已有卵产在上面，而减少蝴蝶再产卵。其中，还有一种 *P. adenopoda* 长出钩状的毛，使蝴蝶的幼虫不能自由活动，因而避免寄生。

戴维·皮门特（David Pimentel，1968）也认为捕食者和被食者的协同进化必定达到平衡。他用家蝇（*Musca domestica*）和寄生蜂（*Nasonia vitripennis*）做实验。当两种开始放在一起的时候，它们种群的密度有此起彼伏的现象，但是，过了几代以后，密度波动的幅度就不大了。寄生蜂的密度就比较稳定，最后达到平衡（图 18－3）。

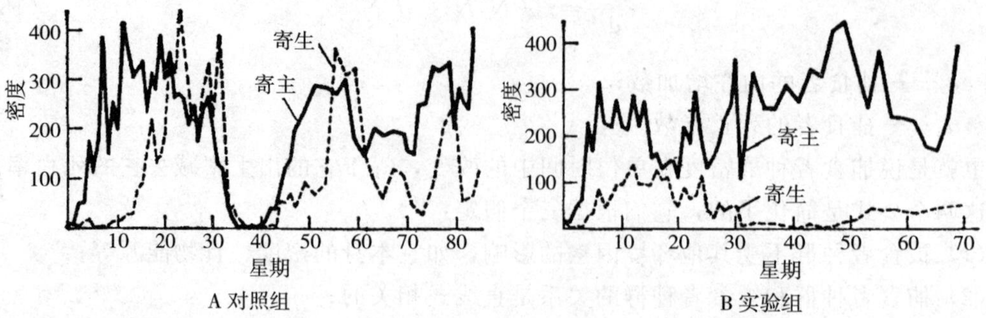

图 18－3　寄生（parasite，*Nasonia vitripennis*）和寄主（host，*Musca domestica*）的协同进化（引自 Pimentel and Stone，1968）

A—对照组中的两个种群都是首次被放在一起；B—实验组中的两个种群曾在一起生活过很长一段时间

第二节　人类种群的演化

人类和其他动物最大的不同是除了生物演化（biotic evolution）还有文化演化（cultural evolution）。文化演化是属于社会科学的范围，但是，人类的生物演化是和文化演化分不开的。因为自古以来，文化演化和生物演化，都同与人相关的物种的协同进化休戚相关。

从生态系统的原理中就可以看出，生命活动不过是物质循环和能量转换，如果在循环和转换的过程中，有一个环节不通，生态系统即使不停顿，也必然出现“短路”。生态系统越复杂，越稳定，越有较强的自律性，越经得住环境的压力，也就越有较高的适应力，在演化的进程中，越能左右逢源，继续生存演化。

一、人类化石记录——人类的过去

人类化石记录很不完善，经过考古人类学者的整理有如下的分布。

（一）非洲

上新世（Pliocene）3×10^6 年以前，在奥英河流域（埃塞俄比亚南部）和图尔卡纳湖（肯尼亚）有南方古猿（*Australopithecus*）。

更新世（Pleistocene）1.8×10^6 年以前，在奥杜瓦伊峡谷（坦桑尼亚）有工艺猿人（*A. habilis*）或称工艺原人（*Homo habilis*）。1.0×10^6 年前，有纳强（Natron）、巴任哥（Baringo）、彻连（Chellean）等人。0.1×10^6（10 万）年前有罗底西亚（Rhodesian）人。5×10^4（5 万）年前有北非人阿法罗（Afaou），可以说是比较早的智慧人（*Homo sapiens*）了。

（二）欧洲

在 0.9×10^6（90 万）年前有海德保格（Heidelberg）人。0.3×10^6（30 万）年前有里安德托（Neanderthal）人。5×10^4（5 万）年前有克罗人，0.9×10^6 年前有马龙（Cro-Magnon）人，即智慧人。

(三) 亚洲

在中国 0.8×10^6（80 万）年前有蓝田人，0.4×10^6（40 万）年前有北京房山周口店人，即北京人，也称直立原人（*Homo erectus*）。

在爪哇 1.8×10^6 年以前有大人猿（*Meganthropus*）。0.8×10^6 年前有春里（Trinil）人，即爪哇人，也是直立原人。0.1×10^6 年前有苏禄（Solo）人，可以说是智慧人了。

二、人类演化的族系关系

正因为化石资料不完整而又散布各处，人类演化的族系关系（the phylogenetic relationship of human evolution）很难有定论，不过也不外乎两种假说。

(一) 分支发生说 (cladogenesis)

此说以伯纳德·伦施奇（Bernard Rensch，1960）等学者为代表。大约在更新世初期，人类种群分为两支，即欧非支（African-European branch）和亚洋支（Asian-Oceanian branch），由此分出现在的人种。卡瓦里-斯福扎（L. L. Cavalli-Sforza）根据此说做出十个人类种群的家谱（pedigree of human population）（图 18－4）。

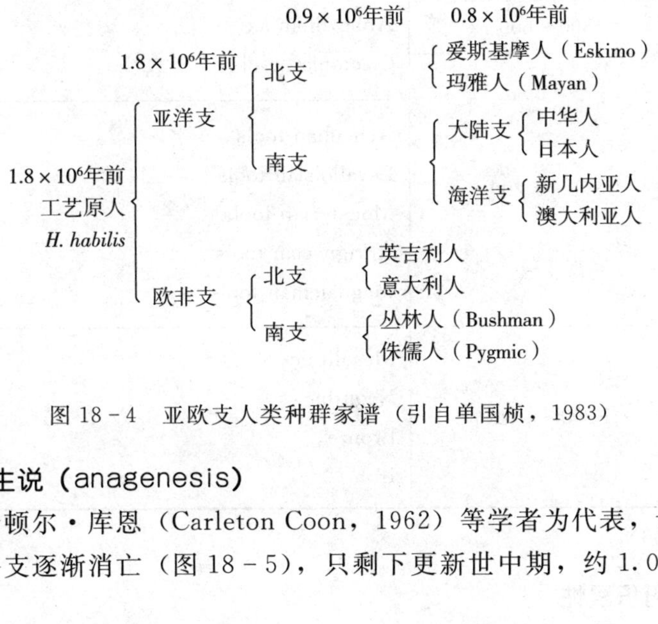

图 18－4　亚欧支人类种群家谱（引自单国桢，1983）

(二) 演进发生说 (anagenesis)

这一学说以卡顿尔·库恩（Carleton Coon，1962）等学者为代表，认为更新世初期从工艺原人分出的各支逐渐消亡（图 18－5），只剩下更新世中期，约 1.0×10^6 年以前的一支分为三支：

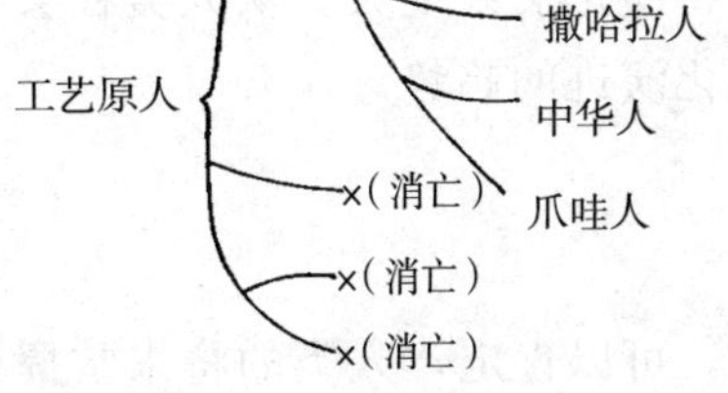

图 18－5　工艺原人的分支

不论二说何者正确，只是过去的问题。总之，人类演化从南方古猿（3×10^6），工艺原人（1.8×10^6），直立原人（0.8×10^6），到智慧人（0.3×10^6），以至现代人（5×10^4），这个次序是大体的路径。

三、文化演化的特征

（一）脑量

人类文化的定义包括语言、知识、信仰、风俗以及和这些有关的物质工具，这些在现今的灵长类（Primates）中，也可以找到一些线索。如使用工具和语言，日本猴和黑猩猩都有这种能力。这和它们脑量大有关系（表 18－2）。

伯德塞尔（J. B. Birdsell，1972）将人类化石的脑量估计按时间次序排列，得出相当有意义的结论：其他文化如 40 万年前开始用火，30 万年前有茅屋等。

表 18－2　文化与脑量的关系

<table>
<tr><th>物　种</th><th>脑量（毫升）</th><th colspan="2">工　　具</th></tr>
<tr><td>南方古猿</td><td>400～500</td><td rowspan="2">Oldowan ax，Pebble tools
Abbevillian ax
Clactonian tools</td><td rowspan="2">古石器</td></tr>
<tr><td>工艺原人</td><td>500～600</td></tr>
<tr><td>直立原人</td><td>800～1 200</td><td>Acheulian tools
Levalloisian tools
Mousterian tools
Aurignacian tools
Magdalenian tools</td><td>旧石器</td></tr>
<tr><td>智慧原人</td><td>1 200～1 600</td><td>Mesolithic
Neolithic
Bronze
Iron</td><td>中石器
新石器
铜器
铁器</td></tr>
</table>

（仿单国桢，1983）

（二）获得性和积累性

人类的文化演化是符合拉马克学说（Lamarckism）的。由于知识经验可以由语言、文字、录音和录像等记载和传达，人类的文化演进可以是获得性和积累式的，唯其如此，人类的文化演进影响人类的生物演化关系重大。从人类社会发展看，从渔猎社会，农业社会，到现代工业社会，都是文化演进的趋势。

四、人类的将来

随着人类社会的不断发展，可以肯定，人类的将来掌握在人类种群自己的手中。未来的工作可以从两个方面着手。

（一）从细胞生物学入手

近 20 多年来，人类在以下各方面取得了显著成绩：

（1）精细胞库（sperm bank）——把精细胞冷藏起来，它们捐赠者的表现型，即各种可测知的性状都有详细记录，供需要的人采用。

（2）人工授精（artificial insemination）——体内或体外授精都可以，后者又称试管婴儿（test tube baby）。精细胞来自丈夫的称夫精（A. I. H.，artificial insemination husband），来自他人的称他精（A. I. D.，artificial insemination donor）。目前，在这方面的工作多是帮助不能自然受孕的夫妇，但是，其应用价值和发展方向具有深远的影响。

（3）遗传工程（genetic engineering）——遗传基因的化学基础基本弄清楚以后，运用物理的、化学的、生物的各种可能的方法，使其发生突变，或取代若干核酸肽，组成新基因。

（二）从种群生物学入手

种群生物学对人类演化的重要性应不亚于细胞生物学，只是它的相关应用，在人类社会还不太普遍和没有受到应有的重视。下面有几点值得提出来讨论：

（1）种群行为学——动物种群的行为，特别是有关集体的如侵略行为、竞争行为、支配行为和利他行为等，都应该详细分析和研究，并应用到实际社会中，促进社会的文明和进步。

（2）种群遗传学——基因频率的分析，可以从家谱、医院病历记录以及人口调查资料着手，详细的种群遗传学应由专门研究机构进行，为人类的健康创造条件。

（3）人口控制学——人口控制应注意社会制度、伦理传统以及宗教信仰等因素。首先，应在教育方面进行，使每个公民了解生命的意义、个人和社会的关系以及人类在宇宙自然界的地位等。

（4）种群生态学——在机场鸟击灾害防治与综合治理方面，提供科学依据，为减控鸟击灾害的发生、确保机场飞行安全做出贡献。

编写说明

《机场动物种群生态学》在编写过程中，参考了一些国内外动物学、生态学、种群生态学的资料，并选用了相关书籍的部分照片。因作者较多，无法取得联系，再次表示感谢。请相关作者与本书作者（单位：广州民航职业技术学院；地址：广州市白云区机场路向云西街10号）联系，我们将赠送样书及支付相应的稿酬。